JN280147

ボランタリズムと農協

田渕直子
Tabuchi Naoko

Voluntarism

高齢者福祉事業の開く扉

日本経済評論社

はしがき

　本書は，わが国の農業協同組合（農協）高齢者福祉事業という新しい事業を非営利組織論の中に位置づけ，捉えようとするものである．ただし，新事業が，これまでの農協（総合農協）事業の延長線上に生まれたという位置づけではない．古い組織である農協の内部から（いわば，鬼っ子のように），今までの事業と質の異なる高齢者福祉事業が生まれる過程に注目したい．言い換えるならば，農協という揺籃（ゆりかご）から，NPOに通じるような新たな組織形態・事業方式を有する新分野が創造されるプロセスを分析し，その契機とエネルギーを明らかにするものである．

　さらに，この新しい事業は，自ら生まれ出た農協本体の問題を照らし出す反射鏡になり，場合によっては農協本体の組織・事業のあり方を揺り動かす可能性を持つ．現在，農協に対する内外からの批判は決して甘いものではない．外からは，政府の構造改革政策の一環として，農協に対する独占禁止法適用除外の解除，農協事業中の信用・共済事業の分離提言がなされている（政府・総合規制改革会議，2002年12月12日第2次答申）．内からは，農協利用率の低下（特に米集荷率の顕著な低下）といった「静かな批判」が進行中である．確かに農協系統に様々な問題があることは事実に違いない．しかし，農協組織すべてを破壊することが最善の道とは思われない．ストックとして組織内部に蓄積してきた資源を，組合員の切実な問題に即して今日的に用いることが，理に適っているはずである．本書では，この「今日的な用い方」について，高齢者福祉事業という1つの素材を用いて，提言したいと思う．

　本書では，「農協本体の問題」を問うキー概念として「ボランタリズム」という概念を用いた．その詳しい定義は第1章で明らかにしたい．「メンバーの自発性に基づき，かつ組織の使命（ミッション）を念頭に置き，組織的

に活動するという組織・活動のあり方」が，ここで仮に定義する「ボランタリズム」である．農協の事業の多くもかつては「ボランタリズム」によって生まれ，成長したはずである．しかし，現在の事業・組織のあり方は「ボランタリズム」を喪失しているのではないだろうか．こうした筆者の問題意識が，このキー概念を用いる背景に存在する．

　本書の副題を「高齢者福祉事業の開く扉」とした．この扉は，古い非営利組織としての農協に「ボランタリズム」を思い起こさせる風を送る扉であり，十分には活用されていなかった内部資源を活用し，それを外部における活躍の場につなげる扉である．さらに，農協外部から新たな資源を内部に招き入れるための扉でもある．筆者は，乏しい資源をやりくりしながら，福祉事業に取り組む新興の非営利組織関係者に，農協への評価を尋ねたことがある．「農協は，あれだけのネットワーク，資金，施設を保有しながら，なぜ本気になって，この分野に乗り出さないのだろうか」というのが，その関係者の率直な評価であった．

　筆者は，上記の「資源」を資金・設備・情報等を含む幅広い概念として捉えるが，最も重視しているのは「人的資源」である．この「未活用の人的資源」の最大部分として，組合員家族の女性たち（組織化されている場合は，農協女性組織メンバー）や女性職員を挙げることができる．

　現実にも，農協高齢者福祉事業の創造過程で，組合員家族の女性やベテランの女性職員が大きな役割を果たす例が多い．本書の後半部分は2つの事例分析に頁を割いているが，これらの事例においても，扉を開き，また開いた扉を活用した女性たちが，重要な役割を果している．1つの事例は，農協高齢者福祉事業・発展段階のごく初期に位置する．農協女性組織を母体とするボランティア活動が事業として確立しようという段階である．もう1つは，同事業が現時点において最高度の発展を見せている事例である．ここでも女性組織起源の助け合い組織・内部で養成された女性職員・外部から農協職員に転じた専門スタッフ（女性）の活躍が際立っている．

　ただし，念のために付け加えるならば，女性の活躍・エンパワーメントそ

のものが本書のテーマなのではない(もちろん,それは重要な課題であるが).むしろ,扉を開くことによって農協という非営利組織を新しい舞台に再設定し,男性も女性も活躍できる「非営利事業の場」を広げていくことが,筆者の求めるところである.

目　　次

はしがき　　3
図表一覧　　10

序章　課題と方法 …………………………………………………13

第1章　非営利組織におけるボランタリズム ……………………21

第1節　ボランタリズムとは何か　　21
1. ボランティア活動の原理　21
2. 組織的・持続的活動原理としてのボランタリズム　24

第2節　ボランタリズムの器としての非営利組織　　28
1. 非営利組織のマッピング　28
2. 非営利組織としての農業協同組合の位置　31
3. ボランタリズムという第3の軸　33

第3節　農協におけるボランタリズム　　36
1. 集落とボランタリズム　36
2. 新規事業の創造とボランタリズム　41
補論　「契約的」共同販売とボランタリズム　43

第2章　農協における高齢者福祉事業の創造過程 ………………51

第1節　福祉ミックス論の中での農協事業　　51
1. 社会福祉基礎構造改革と福祉ミックス論　51
2. 農協の高齢者福祉部門への参入促進　57

第2節　高齢者福祉事業の歴史的背景　　67

1. 農協厚生事業の発展とプロフェッショナル化　67
　　　2. 女性組織の発展と限界　73
　　第3節　高齢者福祉事業の到達点と課題　　　　　　　　　　　78
　　　1. ホームヘルパー資格養成と高齢者助け合い組織　　　78
　　　2. 農協の公的介護保険制度への参入　82
　　　3. 事業発展の類型と段階　92

第3章　女性部助け合い組織と事業創造 ……………109
　　　―北海道当麻農協の事例に即して―

　　第1節　当麻農協と地域農業　　　　　　　　　　　　　　　109
　　　1. 当麻町・農業の概況　109
　　　2. 当麻農協の組織・事業の特徴　113
　　　補論　良質米産地形成におけるボランタリズム　116
　　第2節　助け合い組織の到達点　　　　　　　　　　　　　　119
　　　1. ホームヘルパー養成と女性部助け合い組織の結成　119
　　　2. 助け合い組織メンバーの属性　124
　　　3. 助け合い組織の運営方法とボランタリズム　127
　　第3節　当麻農協の事業創造過程　　　　　　　　　　　　　129
　　　1. ボランティア活動から高齢者福祉事業への発展　129
　　　2. 高齢者福祉事業の実績と今後の課題　131

第4章　ボランタリズムの可能性と業務組織の創造 ……………135
　　　―栃木県はが野農協の事例に即して―

　　第1節　はが野農協と地域の概況　　　　　　　　　　　　　135
　　　1. はが野農協管内の概況　135
　　　2. はが野農協の組織・事業の特徴　137
　　　補論　園芸産地形成におけるボランタリズム　141
　　第2節　はが野農協の事業創造過程　　　　　　　　　　　　144

1．助け合い組織の展開と行政との提携　144
　　　2．農協広域合併に伴う事業の拡大　145
　　　3．公的介護保険制度の下での質的発展　148
　第3節　ボランタリズムとプロフェッショナリズムの両立　152
　　　1．業務組織の変遷　152
　　　2．内部におけるスタッフの育成　154
　　　3．地域の医療・福祉ネットワークとの連携と人材吸引　157
　　　4．ボランタリズムを基礎としたプロフェッショナリズムの確立　161

終章　開かれた扉のゆくえ　…………………………………………165

　参 考 文 献　177
　参考資料：アンケート調査票　183
　あ と が き　189
　索　　引

図表一覧

図 1-1　ボランティアと有給スタッフから見た NPO の類型
表 1-1　ボランタリー概念の類型化（Osborne）
図 2-1　福祉ミックス論の概念図
表 2-1　農家における年齢別世帯員数
表 2-2　農家の世帯員数分布
表 2-3　農家女性の内「家事・育児・その他が主」の人の動向（1995・北海道）
図 2-2　「農村型」システムの模式図
表 2-4　JA ホームヘルパーの新規養成人数（全国）
表 2-5　JA 助け合い組織設置数
表 2-6　JA 助け合い組織の現況（2000 年度）
図 2-3　JA らしい高齢者福祉事業の取り組み方向
表 2-7　農協の介護保険事業者指定の状況（都道府県合計）
表 2-8　農協の介護予防・生活支援事業実施の状況（都道府県合計）
表 2-9　タイプ別の農協介護保険事業者指定の状況
表 2-10　農協介護保険事業指定のタイプ内訳
図 3-1　当麻町の位置
表 3-1　当麻町における農家経営面積規模の推移
表 3-2　当麻農協の組織概要
表 3-3　当麻町における主な農作物の作付面積推移
表 3-4　当麻農協の事業概要
表 3-5　当麻町農家における労働力の女性化と高齢化
表 3-6　広域産地形成に応じた大型米穀集出荷施設
表 3-7　当麻農協ほほえみ会の組織
表 3-8　メンバーの農協講座への参加状況
表 3-9　メンバーの年齢層と家庭内立場
表 3-10　メンバーの農家としての状況
表 3-11　メンバーの居住地区別農家状況

表 3-12　メンバーの組合員としての状況
表 3-13　当麻農協の高齢者福祉事業の実績（2000 年度）
表 3-14　当麻農協における高齢者福祉事業の損益（2000 年度）
図 4-1　はが野農協の位置
表 4-1　はが野農協の組織概要
表 4-2　はが野農協の事業概要
表 4-3　はが野農協における夏秋ナスの生産と販売
表 4-4　はが野農協管内における在宅福祉サービスの受託状況
表 4-5　はが野農協における高齢者福祉事業の実績
表 4-6　はが野農協における高齢者福祉事業収支
表 4-7　はが野農協高齢者福祉事業の基幹スタッフの職種と部署
表 4-8　はが野農協基幹スタッフの農協ホームヘルパー養成講座受講状況
表 4-9　はが野農協基幹スタッフの入協時期
表 4-10　はが野農協高齢者福祉事業における業務組織の変遷

序章　課題と方法

　本書が対象とするのは，広い意味での非営利組織である．その事業創造過程の契機・エネルギーを明らかにすることが，分析の目的である．

　この非営利組織には，任意団体もしくは法人格を有するNPO・NGOとともに，協同組合を含めて考えたい．一方，法的に非営利と位置づけられる公益法人をすべて非営利組織とみなすわけではない．公益法人には，財団法人・社団法人，宗教法人・学校法人・医療法人・社会福祉法人等がある．しかし，これらを非営利組織とみなすか否かを，その法人形式によってのみ判断することは，適切でない．むしろ，それらの果たす機能によって判断されるべきであろう．そして，その判断を行う際のメルクマールになるのが，はしがきで仮に定義した「ボランタリズム」の有無ということになる．すなわち，メンバーの自発性に基づき，かつ組織の使命を念頭に置き，組織的に活動するという組織・活動のあり方を，その組織が内包しているかどうかが問題である．

　実は，このことは，協同組合についても同じである．法的に協同組合であるから，これがすなわち非営利組織であると断定することは出来ない．特に，現実の農業協同組合（農協）を見るときに，その事業が非営利組織として，十分に意味を持つか否かといえば，そうでない側面も確かに存在する．ボランタリズムの喪失もしくは不全があるといえよう．しかし，協同組合が非営利組織としての可能性を失ってしまったかといえば，決してそうではない．新しい非営利組織の形態として脚光を浴びるNPOやNGOと同様，古い非営利組織である協同組合にも，非営利組織として果たすべき，特有の役割が

あるはずである．そして，その特有の役割は，近年，新たに創造された事業分野の分析を通じて，検証されうると，筆者は考える．

それでは，広義の非営利組織の中に，協同組合・農協をどう位置づけるべきであろうか．詳しくは第1章で述べるが，ここでは，狭義の非営利組織論と協同組合論の接合の可能性と課題について述べておきたい．近年，非営利組織・セクターについては，社会学・政治学・経済学・経営学等，多方面から多様な研究が行われている．この分野には，NPO論・NGO論・社会的経済論・サードセクター論＝第3セクター論・非営利セクター論・ボランタリーセクター論等，多様な呼称が用いられている．

これらに対し，協同組合論の立場から非営利組織論と共通の議論の舞台を作るべく，若干のアプローチもされている．例えば，「非営利・協同」という枠組みを創り非営利組織論と協同組合論を接合しようという試みがある．この視覚からのアプローチとして，富沢［1999］，富沢・川口［1997］，角瀬・川口［1999］をあげることができる．

富沢・川口［1997］においては，ヨーロッパにおける第3セクター論を踏まえ，「ヨーロッパでは協同組合，共済組織，『非営利組織』を第3セクターの構成要素としてとらえる見方が一般化しつつある，『社会的経済』論はその典型例である」[1]として，協同組合・共済組織とその他の非営利組織（アソシエーションと呼ばれることが多い）を質的に非常に近いものとして位置づけている．その背景には，アメリカの非営利組織研究が自助組織を対象外とし，もっぱら「他者を助ける組織」に限定されていることへの富沢氏らの批判が存在する．また，アメリカの非営利セクターに属する組織は「利益配分をしない」こととされているが，非営利組織をあまりに狭く解するものとして，これを批判してもいる．

さらに，富沢・川口［1997］では，ヨーロッパで欧州委員会が定義した「社会的経済」という概念が日本では理解されがたいことを憂慮して，「社会的経済」の代わりに「協同経済」という用語を用い，「協同組合経済を担う組織を『協同経済組織』，それらの集合体を『協同経済セクター』と命名」[2]

している．ただし，この命名は，富沢氏らの意図にかかわらず，第3セクターにおける協同組合の役割が著しく大きいというイメージを与えるものである．

また，社会問題の分野別に見て社会福祉論は，非営利組織・セクター論が最も進んでいる分野の1つであるが，この分野での「非営利・協同」としてのアプローチも散見される．例えば，川口［1999］，川口・富沢［1999］，高柳・増子［1999］をあげることができる．なかでも，川口・富沢［1999］は，福祉社会システムを構成する重要な要素に「非営利・協同」セクターを位置づけている．特にヨーロッパでのポスト福祉国家に対応する福祉ミックス論・福祉多元主義という概念（第2章で詳述）の中に，協同組合を含む非営利組織を積極的に組み込んでいる．同書では，国家＝第1セクター，市場＝第2セクターに加えて，第3セクターとしての「非営利・協同」セクターの重要性を主張しているわけである．

しかし，以上の議論において，非営利組織論と協同組合論が十分に嚙みあっているかというと，決して十分とはいえない．なぜなら，これらのセクター論は，法人形態が営利なのか，非営利なのかによって，議論を組み立てているように思われるからである．法人形態とはあくまでも法的な外皮であり，本来，問題にすべきことは，その経営体の果たす機能であろう．協同組合という法人形態をとっているから，非営利の第3セクターに属すると直結させるのでは，それ以上の議論の展開は期待できない．むしろ，その協同組合がどのような事業を営み，どのような機能を果たしているか，それがNPOやアソシエーションといかなる共通性を持つのか持たないのかを吟味すべきであろう．

以上の状況に対し，塚本［2002］は，狭義の非営利組織研究と協同組合研究を統合的に捉えようという意図を持ち，主要な非営利組織理論をカバーしながら，非営利組織論と協同組合論の関連を論じている．その結論は，狭義の非営利組織と協同組合は，理論的にも連続性を持ったものとして捉えるべき，というものである．特に，アメリカにおけるサードセクターのメルクマ

ールを「非分配制約」におくことが多いが，その妥当性への疑義である．塚本氏は，利潤を利害関係者に分配することを禁じる「非分配制約」を「非営利組織と営利組織，そして非営利組織と協同組合とを区別する基準としてはきわめて不完全なものである」，「現実の組織行動はより複雑であり，非分配制約を基礎とする非営利組織の理論では十分説明できないような現象が生じている」[3]と主張する．これは，剰余金分配＝出資配当・利用高配当の存在をもって，協同組合をサードセクターの外に位置づける（この点は後述）ことの根拠が薄いという主張でもある．

　塚本氏のもう１つの指摘は，現実に非営利組織（特にイギリスの非営利組織）の一部が協同組合に接近している事実である．欧米では「非営利組織の商業化（企業化）」として事業に本格的に取り組む非営利組織の存在が注目されている．その１つのベクトルは営利企業への接近であるが，もう１つのベクトルは，非営利組織が自らの社会的使命を社会的企業の形態で果たそうとすること＝非営利組織の協同組合企業への接近である．塚本[2002]は，この２つのベクトルを弁別することが可能であり，また弁別が必要であると主張している．

　筆者も塚本氏の主張にならい，狭義の非営利組織と協同組合を法的には別の経営形態であるとしても，実質的には連続的な存在として捉える．さらに筆者は，非営利組織と協同組合の連続性の根拠を，主観的に営利を目的としないことに求めるのではなく，自らの社会的意義を自覚して，自発的に持続的な事業に取り組むことに求めたい．つまり，ボランタリズムに基づいて事業を構築する点に，両者の共通性を求めるものである．逆に言えば，ボランタリズムに基づかない事業の拡大は，塚本氏の言う「営利企業への接近」のベクトルである．この傾向の先には，これらの経営体がサードセクターにはもはや位置づかず，単に第２セクターの構成体に転じるということになろう．

　本書では，あくまでも，サードセクター論として両者の連続性を論じていくが，特に事業の性格的連続性が強い分野として福祉事業分野を想定する．また，その活動は主観的には営利を追い求めないが，客観的には，持続性を

持った事業にスタッフを雇用してでも取り組むという「ビジネス」という外観を持つものである．ただし，この事業は，ボランタリズムに裏付けられたものであり，「自らの事業の社会的意義に無関心，かつ業務命令として命じられた範囲の仕事だけが遂行される」という通常の企業のあり方とは，異なったあり様である．

　さて，本書では，協同組合の中でもわが国の総合農業協同組合（総合農協）を取り上げ，その高齢者福祉事業を具体的な分析対象とする．総合農協は，農業協同組合の日本的形態として農家経営・農村生活の幅広い分野をカバーし，同時に国内農民・農村のほとんどを網羅する独自の展開を遂げてきた．また，経営力が必ずしも十分でない単位農協を支える連合組織の高度な発展も，特徴の1つである．しかし，今日，はしがきでも触れたように，総合農協および連合組織を含めた農協系統への批判の声が大きくなってきている．

　農業構造の非効率性の原因，特別な保護の結果として，農協が民業を圧迫しているという批判は，本書の主題から外れるので，特に論じない．ただし，協同組合らしさの喪失，組合員の意見反映が少ない，コーポレート・ガバナンス（企業統治）が不適切であるといった批判は，本書のキーワードであるボランタリズムと大いに関係しよう．これは，農協におけるボランタリズムの弱さ・喪失が背景にあると思われるからである．

　本書では農協内部からの高齢者福祉事業の誕生・発展が，ボランタリズムを基礎として進む状況を分析し，その契機・それを進めるエネルギーを明らかにする．課題の性格上，農協の事例調査，しかも聞き取り調査を中心とした当事者調査を重視し，これを本書後半の柱とした．前半では，これらの事例を非営利組織論・福祉ミックス論の中に理論的に位置づけ，一般論へとつなげる舞台装置の構築を目指すものである．

　本書の構成は，6章構成とする．序章では，課題と方法を明らかにした．その上で，第1章非営利組織におけるボランタリズムでは，非営利組織論一般の中に協同組合・農協を位置付けたい．ここで，ボランタリズムという概

念を改めて定義し，さらに農協におけるボランタリズムの存在を検討し，ボランタリズムの不全もしくは衰退の要因を考察する．ここでは，農協の事業一般を考察の対象とし，補論として販売事業の中に認められるボランタリズムについて明らかにする．

次いで，第2章農協における高齢者福祉事業の創造過程は，対象を農協高齢者福祉事業に絞り込み，この事業が生まれた背景を農協の外部・内部の両面から探りたい．外部の要素としては福祉ミックス論の台頭と社会福祉政策の転換があり，農村部の自発型福祉サービス供給主体として，農協が注目され，この分野への農協の参入が促進された過程をまとめていく．一方，農協内部の要素として重要であるのは，農協厚生（医療保健）事業の長い歴史である．この分野では，戦前からボランタリズムに基づいた事業創造が進んできた事実を確認するとともに，事業の発展がプロフェッショナリズムの域に達した時期にボランタリズムが失われていった経過を分析したい．以上を踏まえ，農協高齢者福祉事業の創造過程と到達点をここで明らかにする．農協の高齢者福祉事業とNPOの同事業に共通な発展段階と類型を析出し，これらの社会的意義を捉えてゆく．この事業発展過程でボランタリズムがどのくらい意味を持ち，またそれが保持されるか否かが分析の焦点となる．

第3章・4章では，高齢者福祉事業に取り組んでいる農協のうち，特徴的な2事例を取り上げて，当該事業におけるボランタリズムの形成・発展を検証する．事例は第2章で析出した発展段階と類型に則って，ボランティア活動から事業化への過渡期にある北海道当麻農協と，事業の急速な発展を達成した栃木県はが野農協を主に取り上げた．はしがきでも触れたように，これらの事例では高齢者福祉事業の発展とともに，内部の資源を生かし，外部から有益な資源を導入できる「扉」が開かれていったといえよう．

第3章女性部助け合い組織と事業創造－北海道当麻農協の事例に即して－は，農協女性組織（女性部）が高齢者助け合い組織として拡大再編成され，農家主婦の余暇を生かしたボランティア活動が，継続的事業に発展してゆく過程が特徴的である．農協内部の人的資源が生かされ，社会的活動への広が

りが評価されるところである．一方，第4章ボランタリズムの可能性と業務組織の創造―栃木県はが野農協の事例に即して―では，広域合併前に一部の単位農協（合併前旧農協）に生まれた高齢者福祉事業が，合併後に全域に拡大してゆく過程を分析対象とした．農協内部の組合員家族・女性職員を生かしながら，外部からも専門家を招きいれ，地域社会の中に風通しの良い信頼される組織を創っていったことが重要である．当該農協は全国でもトップクラスの事業実績を誇るため，当然のことながら業務組織も本格的なものである．この大きな業務組織をボランタリズムを維持・発展させつつ運営することができるのか，言い換えると，プロフェッショナリズムとボランタリズムは両立しうるのか否かが，事例分析のポイントである．

終章においては，高齢者福祉事業が農協全体にとってどのような意味を持つか，総合的な検討を行う．農協は非営利組織の一角に地を占めることは疑いない．しかし，NPO・NGOのような新興組織における使命の明確性，メンバー・職員の自発性に比べると，農協という組織は問題なしとはいえない状況にある．ただし，本書で取り上げる高齢者福祉事業は，これまでの農協事業とは異質と思われる．まず，事業の初期において特にボランタリズムを強く必要とする．さらに，既存の事業ではプロフェッショナリズムの追及が一義的になり，主観的にはそれを望んでいなくともボランタリズムを喪失する傾向にあったが，高齢者福祉事業はボランタリズムをプロフェッショナリズムと併進させうるだろうか．協同組合という形式を維持しながらボランタリズムとプロフェッショナリズムを並存させうるのか否か，その可能性を最後に論じたいと思う．

注
1) 富沢・川口［1997］3ページ．
2) 富沢・川口［1997］18ページ．
3) 塚本［2002］9ページ．

第1章　非営利組織におけるボランタリズム

第1節　ボランタリズムとは何か

1. ボランティア活動の原理

　本書のキーワードである「ボランタリズム」は，ボランティア活動の原理ではないが，また，ボランティアと無縁でもない．順序として，まずはボランティアおよびその活動の原理を整理しよう．

　わが国でボランティアという言葉が一般的に用いられるようになって20年以上経つが，その意味が十分に理解されているかというと，心もとない場面が少なくない．すなわち，あくまでも自発的であるべきボランティアについて，「ボランティアの動員」「ボランティアの義務づけ」といった言葉があまり疑問を持たれず，常用されている状況があるからである．こうした実態に対し，早瀬 [1997] は，「ボランティア＝奉仕」という誤った理解を言葉の意味に即して，次のように批判する．すなわち，奉仕に対応する英語は"service"であり，例えば"military service"は兵役・徴兵制であるのに対し，"volunteer"を同じ分野で用いると志願兵という意味になり，その意味合いは両極というべき違いとなる[1]．ボランティア活動は，その結果の有為性そのものが問題なのではなく（もちろん有為でなくては困るが），過程における自発性こそがボランティアの要件なのである．

　さらに，ボランティア活動は個人の意思から発した活動に他ならないが，

ボランティア活動が組織的・継続的なものにならねば，社会的な意味は少ない．ボランティア活動の組織性・継続性のために最も重要であるのは，有能なボランティア・コーディネーターの存在である．ボランティア・コーディネーターは「一般には『ボランティア調整担当者』と訳される．（中略）具体的には，ボランティアの需給調整・情報提供・養成教育・調査研究等の役割を果たすことによって，ボランティア活動の活性化を目指す立場にある」[2]と定義され，特にボランティア活動が恒常化する場合には不可欠な存在である．また，ボランティア自体は無償であったとしても，恒常的な業務であるボランティア・コーディネートには手当てが支給されるようになることが多く，ボランティア・コーディネーターが，その組織の専従有給スタッフであることも珍しくない．

一方，ボランティアそのものについては，有償ボランティアへの批判が根強く存在している．例えば，杉岡［1998］は，「現代は少額であれば差し支えない，あるいは少しくらいは報酬をもらってもという意識が定着しているように扱われることが多いが」「ボランティアの活動とは，金銭的報酬を前提にすることではなく，内的・精神的な報酬を基本とするものである」[3]という原則を強調する．また，視点を変えて「賃労働」の観点から見れば，有償ボランティアは極端な低賃金労働者である．かつて，地域生協の助け合い（有償ボランティア）組織が普及した時期に，行政から「最低賃金法違反」を指摘されたエピソードがあるが[4]，時給計算をすれば，そういうことになろう．杉岡［1998］も「結局のところ，安く働くのがボランティアということになってしまい，能力不足なので安い給料に甘んじるということにならないだろうか」[5]と，職業能力開発の問題を含めて問題提起している．さらに，賃金面からの有償論批判には「行政が果たすべき責任を善意のボランティアを安く使うことで回避している」という評価も含まれていよう．

以上の批判は確かに根拠を持つものであるが，現実の問題としては杉岡［1998］も「近年の住民参加型在宅福祉サービスのように，お互いに必要とするサービスを提供し合うという関係を持続させ，かつ負担感を与え合うこ

第1章 非営利組織におけるボランタリズム

とを回避するように，少額の報酬によって活動の継続性を維持させようというのは，理解できる」と述べている．とはいえ，杉岡は「（少額の報酬によって維持される活動は）ボランタリーな精神に支えられる活動として，ボランティアと区別することで混乱をさけることが可能であろう」として，あくまでも「有償ボランティア」をボランティアの概念には含まれないものとしている．

こうした議論に対し，「有償ボランティア」の実在を前提にしたうえで，NPO（非営利組織）の側からボランティアの意味を考察したのが，山岡［2001］である．図1-1は，NPOにおけるボランティアの関わりを概念的に示しており，「実線で枠を囲ったのがNPO＝非営利組織の領域」である．「左端に破線で囲んだのは，『組織』に至る前段の『グループ』」であり，「参加者全員がボランティアと考えてよい」．「しかしNPOの事務局は，日常的な活動を定着させようとするとボランティアだけでやっていくのは難しくなり，パートとか有償ボランティアという形の，さまざまな働き方のスタッフの参加が求められる．さらに事務局を強化しようとすると，専従の有給スタッフが必要となる．専従スタッフの比率は，一般に組織が拡大するとともに大きくなる．（中略）①〜⑤は，ボランティアと有給スタッフの関係から見

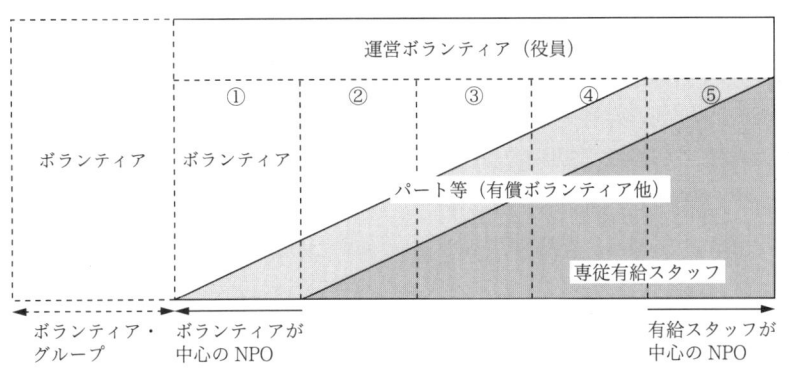

資料：山岡［2001］90ページより引用．

図1-1 ボランティアと有給スタッフから見たNPOの類型

たNPOの類型といってよい.」ただし，この概念図は必ずしも①→⑤へと発展することを意味しておらず，それぞれの類型を並立的に論じている．また，「⑤役員以外にはボランティアのいないNPO」については，現実にはあまり存在しない上，「ボランティアの出入りの全くない組織は，NPOとしては活力がないように感じられる」と，付言していることにも注意が必要である．

　以上の論議を踏まえるならば，有償ボランティアがボランティアの範疇に入るか否かを精査する必要はなかろう．むしろ，問題にすべきことは，ボランティア・パート等（有償ボランティア，他）・専従有給スタッフの結合のあり方であり，いずれの立場においてもボランタリーに働ける場を創っていけるかどうかである．

2. 組織的・持続的活動原理としてのボランタリズム

　さて，繰り返すことになるが「ボランタリズム＝ボランティアの原理」ではない．だが，ボランティアの原理としてボランタリズムという用語が用いられることも事実である．例えば，小笠原・早瀬編［1986］は，1974-84年という早い時期の「ボランティア活動の理論文献」を編集している．この中には多様な見解が含まれていて一概には言えないが，市民の自発的かつ継続的な活動＝ボランティア活動の原理として，ボランタリズムという概念が用いられている．ただし，80年代前半までの時期は，NPO・NGOといった概念が確立しておらず，継続的事業として自発的活動が存在することが稀であったこと，ボランティアについても行政の肩代わりであるとして，その振興に批判的論調が少なくなかったという時代背景を考慮すべきである．

　それでは，改めてボランタリズムとは何であるかを考察したい．飯坂［1978］は，ヨーロッパにおける政治思想の流れにさかのぼって，ボランタリズムを次のように論じている．「〈ボランタリズム〉という日本語化したこの外来語には，2つの異なった英語の綴りがあり，しかも意味が違う」，「そ

の 1 は voluntarism であり他は voluntaryism」である．「前者の〈ボランタリズム〉は従来，神学，哲学，心理学などで用いられてきた概念であって，通常〈主意主義〉と訳され，〈自由意志論〉などと関係して多く論ぜられてきた．これに対して後者は，通常国家と教会との関係について用いられ，教会がその自発的結社としての性格を失わないために，国家からの統制や援助を受けないようにすべきであるという意見をさす．」「いずれにしても，〈自発的な〉をあらわす voluntary に〈主義〉をあらわす -ism を付加してできた語であり，語源をたずねると〈意思〉をあらわすラテン語 voluntas が語幹になっている」．「〈ボランタリズム〉が〈主意主義〉と訳されるときは，意思の優位を説く立場となり，それが〈任意（自発）主義〉と訳されるばあいは，すでにみたように，国家から援助も干渉も受けない教会の立場，アメリカ的表現でいえば〈自由教会〉free church を指すものとなる．この後者の立場をあらわすのに〈ボランタリズム〉が用いられるのはきわめて示唆的である．というのは，こうした教会の立場は，ひとり教会にとどまらず，およそ近代における諸種の社会集団の性格と意義を特徴づけるものとして，〈ボランタリ・アソシエーション〉（自発的結社，または任意団体とも訳される）の理論が注目されるようになったからである．」「ところで〈自発的結社〉voluntary association が〈ボランタリ〉と呼ばれるのは，1 つには人々の自由な意思によって，ある特定の利益ないし目的を追求するために設立され組織化された集団であり，従ってその誕生においてもその存続においても国家その他既存の権力の申し子ではないということにある．さらに，この団体ないし結社に個人が加入したり，それから脱退したりすることは任意であり自由であるということに，〈ボランタリ〉とよばれるもう 1 つの理由がある．ところでこうした自発的結社を重視する社会理論として 20 世紀の 20 年代頃から登場したものに，イギリスを中心にした〈多元主義〉plurarism の理論がある．（中略）多元主義の社会理論は国家を他の社会集団――たとえば学校や教会など――と同列に置こうとし，その絶対的優越性をみとめず，それへの無批判な忠誠を要求する権利はもたないと主張する．そして社会に

おける自発的結社は，一方では個人の自由や関心をよりよくかつ効果的に実現する手段としての価値をもつとともに，他方では，個人を国家からの不当な干渉や侵害から守る防壁としての役割をもつものとみる」[6]。

引用が長くなったが，ボランタリズムという概念は，国家権力からの相対的独立，自らの意志を実現するための自発的な組織的活動，多元主義としての社会認識を要件として成立していることが分かる．このボランタリズム概念をボランティアの原理と区別しながら，今日的観点より整理したのが，オズボーン[1999]「第1章 ボランタリー非営利セクターの何が『ボランタリー』であるのか？」である．著者であるスティーヴン・P.オズボーン氏はイギリスの大学・ビジネススクール（バーミンガム，アストンビジネススクール）にて「公共サービス経営」を担当しており，イギリスにおける「ボランタリー非営利組織（VNPO）」・同セクターの実態に即して，同著を編集している．

オズボーン氏の認識によれば，イギリスのVNPOは，1960年代における労働党の社会政策に支えられて発展したが，財政的に政府への依存が強まり，「半自立的非営利組織」と称される状況になったという．さらに，1980年代に保守党政権が「政府の画一的なサービス供給システム」を多元化し，「供給するサービスを政府が計画し，一部の経費を負担するのを最善」とする政策転換を行った．その結果，ほとんどのサービス供給はVNPO等が行うことになり，その公的な性格が増すと同時に，政府からの自立性に疑問を生じるような関係が増大しているとする．こうした状況に危機感を持ち，VNPOの運営担当者を支援するために編まれたのが同書である．これは，VNPO運営の実務に役立つ「方法論」とともにその本質を理論的に裏づけようというものであり，「ボランタリー非営利セクターの何が『ボランタリー』であるのか？」という冒頭の章が，理論的まとめになっている[7]．

オズボーン氏は，表1-1に示すように①「ボランタリィイズム」（行為のレベル）と②「ボランティアリズム」（個人のレベル），そして③「ボランタリズム」（組織のレベル）という近接した概念を区分して，ボランタリズム

表1-1 ボランタリー概念の類型化（Osborne）

概念	ボランタリィイズム	ボランティアリズム	ボランタリズム
関心の焦点	個人と社会の関係	社会における個人の行為	社会における組織化された行為
規範的主張	自由（積極的）社会	ボランタリー社会	多元社会
背景となる理論	de Tocqueville Etzioni	Titmuss Horton-Smith	Berger and Neuhaus Gladstone

資料：オズボーン［1999］10ページ．

を再定義している．「社会原理としてのボランタリィイズムの根源は，個人の行為を重視し国家の行為に反感を抱く，18世紀・19世紀の自由主義に見出される」[8]とし，「社会を作るブロック材」[9]という最も根源的な概念として①「ボランタリィイズム」を捉えている．これに対して②「ボランティアリズム」は，「強制されない個人主義」を指す①「ボランタリィイズム」に，社会的に有益な行為という方向性を付し，「ボランティア活動」の原理としての意味を持つ．また，その場合の「ボランティア活動」は「インフォーマルな近隣のやりくりによるのではなく，むしろある種フォーマルな計画を通じてサービスを提供する」[10]営みとして捉えられている．

これらに対し，③「ボランタリズム」は組織化された行為に関わる概念であり，「ボランタリー組織」とは「その働き手が有給か無給かにかかわらず，外部コントロールなしに，そのメンバーにより始められ，統治されている組織」[11]である．そして，この「ボランタリズム」は「各セクターが発言権をもち複数の公共サービス源が存在する完全な多元社会を，理想の形と位置づけて」[12]いる．

本書では，上記の主張に沿って，ボランタリズムを定義する．すなわち，ボランタリズムは，(1)自発的に，(2)活動の社会的意義を自覚して，(3)組織的に行為する原理である．ゆえに，ボランタリズムはボランティア活動の原理にとどまらず，非営利組織や協同組合が自らの社会的役割を自覚しながら，継続的な活動を行う場面にも適合的である．むしろ，「事業」と呼ぶのが適切な状況，すなわち，投資の回収を意図し，賃金を支払うことが常態化

するような状況に，適合性が高いといえる．

第2節　ボランタリズムの器としての非営利組織

1. 非営利組織のマッピング

ボランタリズムが幅広い非営利組織に適合的な概念であることが，前節で確認された．では，「ボランタリズムの器」としての多様な非営利組織をどのように捉えるべきであろうか．以下で，非営利組織の地図（マップ）を確

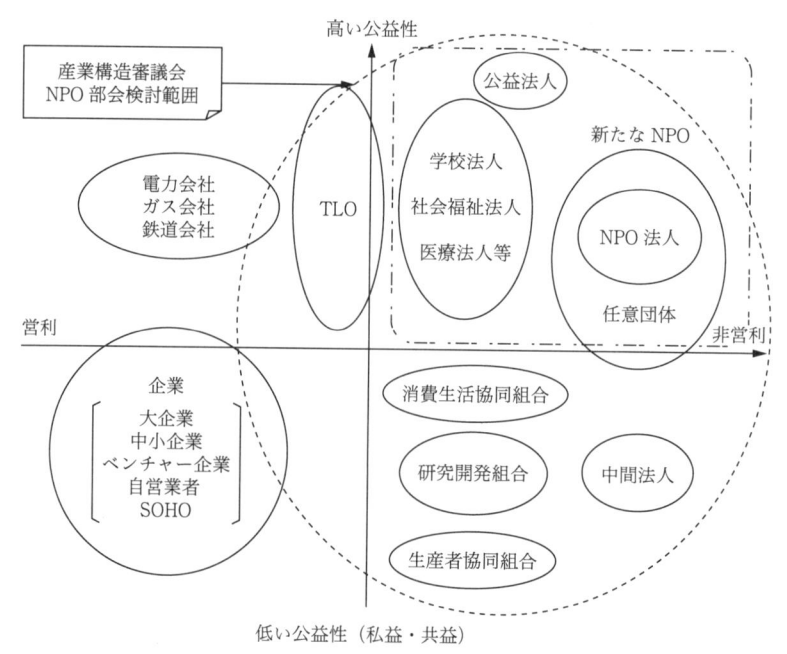

資料：経済産業省産業構造審議会NPO部会「中間とりまとめ（案）『新しい公益』の実現に向けて」，平成14年4月15日，3ページより引用．

図1-2　非営利組織のマッピング

認しよう．

　図1-2は，経済産業省産業構造審議会NPO部会の中間報告書「新しい公益を目指して」から採った概念図であり，アメリカにおいて発達したNPO概念を中心に非営利組織の範囲を図示している．同審議会NPO部会は2001年8月に設置され，2002年4月に中間報告書を出したが，経済産業省（旧・通商産業省）が非営利組織に注目し，審議会の中に部会を設けたこと自体が画期的だと言えよう．NPO自身による雇用の拡大・NPOによる経済活性化が結果として雇用拡大に結びつくことが主目的である[13]としても，経済政策の本流の中に非営利組織を置こうとした意義は大きい．

　筆者は，この図に全面的に同意するものではないが，非営利組織および協同組合の位置を確認する手がかりとして，この図に沿って本書の対象分野を整理したい．

　図1-2において，横軸（x軸）が営利⇔非営利，縦軸（y軸）が公益の高

表1-2　法人の分類

	営　　利	非　営　利
公　益	公共企業 　電気会社（商法・個別事業法） 　ガス会社（商法・個別事業法） 　鉄道会社（商法・個別事業法）	公益法人 　社団法人（民法） 　財団法人（民法） 　学校法人（私立学校法） 　社会福祉法人（社会福祉法） 　宗教法人（宗教法人法） 　医療法人（医療法） 　更生保護法人（更生保護事業法） 　特定非営利活動法人（特定非営利活動促進法）
非公益	営利企業 　株式会社（商法） 　合名会社 　合資会社 　有限会社（有限会社法） 　相互会社（保険業法）	中間的法人 　中間法人（中間法人法） 　労働組合（労働組合法） 　信用金庫（信用金庫法） 　協同組合（各種の協同組合法） 　共済組合（各種の共済組合法）

注：1)　（　）は法人格を与える根拠法の例．
　　2)　以上の分類のほか，「独立行政法人」（中略）や「特殊法人」（中略），「認可法人」（中略）として各種の法人がある．
資料：(財)公益法人協会［2001］3ページ．

低（公益⇔私益・共益）のレベルを示す．おそらく，このマッピングの背景には，わが国の法人についての法体系がある．表1-2は，(財)公益法人協会 [2001] 所収のマトリックスより作成したものである．図1-2の軸に合わせて，同著掲載の表の順序を入れ替えたものであるが，表と図がよく対応していることが分かる．すなわち，表1-2は，非営利・公益の「公益法人」に対して営利・非公益の「営利企業」を対極とし，その中間に非営利ながらも非公益の「中間的法人」と営利ながらも公益的な「公共企業」があるという関係を示す．なお，各種協同組合法に基づく協同組合は，非営利であるが非公益の「中間的法人」に位置づけられている．

　ちなみに，アメリカにおけるNPO概念の規範として，頻繁に引き合いに出される合衆国・内国歳入法501(c)(3)団体は，charity（チャリティ）団体として，寄付者（個人・企業等）における寄付控除をひろく認められている．このcharity団体は，アメリカ合衆国の正真正銘の非営利組織であり，出資・出資配当を前提とする協同組合はcharity団体とは認められない．ただし，協同組合がアメリカの税法上，営利組織として扱われているかというと，それも事実に反する．出資配当が制限以下の範囲であれば，協同組合もまた，当該経営組織に対する免税を原則とする非営利組織（501(c)(16)，501(e)・(f)，521(a)）に分類されている[14]．ゆえに，塚本 [2002] が，「『非分配制約』はいわゆる（アメリカ合衆国―筆者注）内国歳入法上の501(c)(3)団体などとして，非営利組織が寄附控除や非課税等の優遇税制を受けられる制度上の根拠ともなっている」[15]と表現していることは正確ではない．このことに関しては，ヘザリトン [1996] の記述が参考になる．すなわち，アメリカの協同組合は州法にもとづいて設立され，例えば農業協同組合であれば，「『もっぱら生産者たる組合員への援助を目的として設立されるかぎり，非営利なものとみなされる』旨を規定」されている．また，「制定法は，持分資本を持つ協同組合とそれを持たない協同組合の設立をいずれも認めている．株式会社の株式と異なり，協同組合の持分は額面のあることを要し，支払可能な配当率も制定法により所定の率以下に制限される」[16]．

では次に，これらの図表（表1-2，図1-2）に共通する2つの軸について考察したい．まず，横軸の営利⇔非営利は，何を意味しているのであろうか．公益法人協会［2001］の見解によれば，非営利＝「営利を目的としない」とは，「法人関係者（役職員，会員，寄付者等）に利益を分配したり，財産を還元することを目的としないこと」[17]である．横軸は利潤の分配があるか否かがメルクマールになっていると思われる．

一方，縦軸が示す公益性については，「公益法人の設立許可および指導監督基準（1996年9月20日閣議決定）」による『公益』の定義が基準になっている．すなわち，公益とは「積極的に不特定多数の者の利益の実現を目的とする」[18]ものとされている．その組織の活動によって恩恵をこうむる範囲，また組織自体が対象とする範囲が，特定少数であるか不特定多数であるのかが，区分の重点である．

2. 非営利組織としての農業協同組合の位置

前掲図1-2において円で囲ってある範囲が，同審議会NPO部会の検討対象範囲であるから，協同組合もNPO法人も共に非営利組織の範疇に属することには違いない．しかし，右上（第Ⅰ象限）に位置するNPO（法人）と，右下（第Ⅳ象限）の縦軸近傍に位置する協同組合とは，質的にかなり異なるものと認識されているようである．どの位置にあるかで，その組織の社会的価値の高低を表しているのではないだろうが，第Ⅰ象限の部分が特に四角で囲まれ，この報告書で重視する対象として強調されており，協同組合はここには入っていない．また，協同組合は第Ⅲ象限にある一般企業と比べても公益性が同等以下とされ，それほどの営利を求めはしないが，その社会的機能は個々の組合員の私益と組合員の共益を目指すものとされている．

しかし，前項で確認した公益性の定義（組織の活動によって恩恵をこうむる範囲，また組織自体が対象とする範囲が，特定少数であるか不特定多数であるのか）は，一見，自明のようであるが，よく考えるとあいまいな定義で

ある.すなわち,第Ⅰ象限の公益法人(広義)においても,真に不特定多数を対象とした組織であるかというと,必ずしもそうではないからである.協同組合と組合員および組合員家族の関係は確かに不特定多数ではないが,公益法人における場合,たとえば,宗教法人⇔信者,学校法人⇔生徒・学生,医療法人⇔患者,NPO法人⇔メンバー・顧客における対象範囲の限定(特定性)と,質的な違いがあるとは思えない.

　実は,経済産業省産業構造審議会NPO部会の中間報告書「新しい公益を目指して」は,パブリックコメントを求めて公表されたものである.同部会は,寄せられたパブリックコメントの内容と,それに対する部会の見解をウェブサイトで公開している.コメントは多様であったが,「『新しい公益』に関する定義がない」という指摘が多かったようである.これに対する部会の考え方は「『新しい公益』の考え方の特色は①行政が一元的に判断し,実施するものでないこと,②個人,企業,行政,更にはNPOが対等な立場で共に担うものであること」[19]と,「新しい公益の担い手」について説明するだけであり,「新しい公益」とは何であるか,そもそも公益とは何を指すかが,判然としない回答である.これは,協同組合の機能が公益ではなく,非公益であるから中間的法人に位置づけられるという前提そのものに,疑問を抱かせるものである.

　さらに,図1-2第Ⅳ象限の下方に示してある生産者協同組合(農協・漁協等)は,非営利組織の最周辺部に位置づけられている.むろん,現実の農協・漁協の事業に目を向ければ,公益とはまったく無縁な事業も存在する.例えば,組合員に対する経営資金の貸出や生産資材の共同購入等が,そうである.しかし,公益と無関係のような外観を持ちながら,実は公益的な事業も存在する.なぜなら,生産者協同組合の事業はその立地する地域社会と緊密に結びついているからである.たとえば,農地は私有財産であるとともに地域社会を構成する重要な要素であるため,農地を保全する取り組みは地域の資源・景観を保全する公益的な側面を持つ.同様に,漁業権の設置されている水面の保全も確かに組合員の共益であるが,地域の資源・景観としては

公的な要素である．

ゆえに，「協同組合という法形式を取ること＝公益ではなく共益の追求」と，アプリオリに措定することには，同意できない．筆者も非営利性・公益性という2つの軸は，非営利組織のマッピングにおいて尊重するものであるが，生産者協同組合の各事業は第Ⅳ象限左下から第Ⅰ象限右上にわたる幅を持つ存在であろう．特に，これから分析してゆく高齢者福祉事業は，第Ⅰ象限に位置づけられるものと考えたい．

3．ボランタリズムという第3の軸

仮に図1-2を加工して，x軸「非営利性」・y軸「公益性」に「成員の自発性」というz軸を加え，3次元の図としたらどうであろうか．x軸「非営利性」・y軸「公益性」・z軸「成員の自発性」よりなる空間に，NPO法人・企業・生産者協同組合のみを仮に配置してみたのが図1-3である．

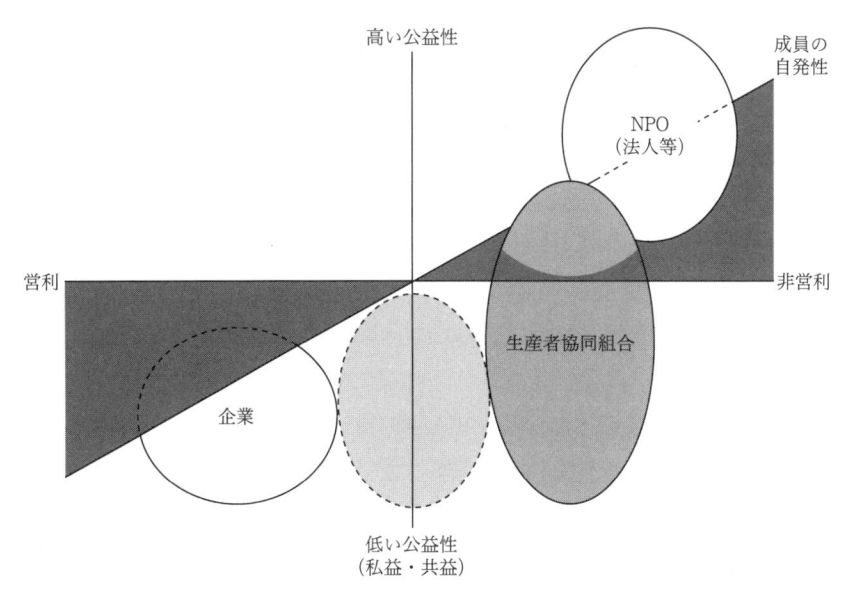

図1-3　NPO法人・企業・生産者協同組合のマッピング

NPO は非営利かつ公益性が高く，成員の自発性が大きいことから，図1-3において企業と対称的な位置にある．生産者協同組合は，基本的には非営利・共益・ボランタリーな空間に配置されるが，事業のあり方が公益的であれば，NPOと同じ空間で活動する可能性がある．図1-2においては，企業と生産者協同組合は隣接していたが，z軸上での位置が異なるゆえに，図1-3では両者の位置する空間は距離を持つことになる．すなわち，成員の自発性が大きいか否かが，両者の性格を大きく規定している．

ところで，ボランタリズムという概念が近年注目を浴びているのは，地域社会（コミュニティ）で一般的に存在していたボランタリズムが薄弱になっていることと，賃労働における「脱ボランタリズム」が徹底的に進み，企業の活性を著しく損なうことが問題になっているゆえであろう．「会社は変われるか？」といった類のビジネス書（例えば柴田［1998］）の主題は，社員のボランタリーな活躍をいかに回復し，強化するかが主題になっていると言い換えても間違いではなかろう[20]．また，日本の企業がQC・TQCあるいはCI運動として熱心に取り組んだのは，創業時の組織がかつて持っていたようなボランタリズムを一般社員にも求めるゆえであろう．しかし，既存の企業という枠組みの内部でこれを求めることは「木によりて魚を求む」ものであり，町内会が「ボランティアを『動員』」するのと同様に企業内での「強制されたボランタリズム」は形容矛盾に陥ることになる．なぜならば，経営者による労働の完全な制御（これが監督労働の機能）こそが，賃労働システムの目指すところであるから，ボランタリズムの喪失はしかるべき結果であるからである．とはいえ，企業におけるボランタリズムの追求は，部分的には効果をあげうるし，企業が自らの社会的責任に目を向けるようになったことは，やはり進歩と呼ぶべきであろう．今日，企業の寄付によるNPO設立，NPOと同様の機能を果たそうというベンチャー企業の存在，企業の社会貢献活動・企業メセナが珍しくなくなったのであり，企業と非営利組織との距離も縮まっているといえる．

ただし，実はボランタリズムの薄弱化問題は，企業や町内会以上に協同組

合自身の問題である．すなわち，協同組合は，金子［1998］の言うところの「ボランタリー経済（ボランタリー・エコノミー）」の古い型の代表格である．金子［1998］は，古い型のボランタリー・システムについて，次のように述べている．19世紀の「強い」近代国家の成立によって，それと並行して深刻化した社会問題は，「公共施設や公共装置の思想によってカバーしようと」されたが「このような国家の国家による国家のための自己補完体制だけでは，いくつものほころびが出た．また，多くの不満も残った．」「そこで，いくつかの斬新なアイディアが勇気ある人々，あるいは憤懣やるかたない人々によって工夫されたのである．その筆頭にあがるのが，社会主義運動が"発明"した労働組合や協同組合（傍点筆者）であり，また婦人の権利に気がついた人々による女子専門学校や私立学校や赤十字の創設だった．われわれは，これらのアイディアと工夫によって生まれたボランタリーな装置を『プレボランタリー・システム』とよぶことにする」[21]．

ただし，これらがボランタリズムを失ったことを，金子［1998］の執筆者たちは，冒頭の座談会で次のように語り合っている．「下河辺：ボランタリー・エコノミーという考え方はいま急にはじまったことではなく，歴史的にいろいろ先例があったんじゃないですか．松岡：そのあたりも書き込んでおいたほうがいいですね．近代に登場した赤十字，YMCA，協同組合（傍点筆者），幼稚園などもみんなボランタリー組織ですからね．ところが，それが変質してしまった．大衆社会や消費社会のヨミができなくなったせいです」[22]．ここでの「大衆社会や消費社会のヨミができなくなった」こととは何を指すのかは判然としないが，協同組合をかつての典型的なボランタリー経済の担い手と見なし，しかし，のちにボランタリーな性格が失われたとしていることに着目したい．

筆者は，19世紀から20世紀前半において，協同組合陣営が協同組合という「媒体」を用いることによってボランタリズムを欧米社会のみならず，多くの地域に普及することが可能になったと考える．また，ボランタリズムという思想が多数の社会で受け入れられたことが，逆に協同組合という組織

体・事業体を世界中に「植え付ける」ことが可能になった理由でもあると推察する．そうであるにもかかわらず，今日の協同組合がボランタリズムを必ずしも保持していないことが問題なのである．

先の図1-3に戻れば，生産者協同組合と企業の間に薄いグレーで描いた楕円の範囲を表示したが，ボランタリーな性格を失った協同組合は容易にこの位置に移動し，企業との質的な違いを失ってゆくということである．そうなるか否かは，当該事業の関係者（ステークホルダー）がいかに自分達の社会的使命を発見し，自発的に行動し，相互の信頼を再生産しながら組織を形成・発展させてゆくかどうかに，かかっていよう．

第3節　農協におけるボランタリズム

1. 集落とボランタリズム

序章で確認したように，協同組合の端緒は「ボランタリズム」と不可分であり，わが国の農協においても「ボランタリズム」が存在していたはずである．しかし，一般的には現在の農協組合員および職員の多くが，「自発的，かつ組織的な活動を自らの社会的使命を自覚しながら」，活動・事業を担っているとは言い難い状況にある．この状況が「組合員の農協離れ」「農協におけるコーポレート・ガバナンス問題」等の組織問題・経営問題として表面化しているともいえよう．

例えば，協同組合における共済事業は相互扶助システムの典型であるから，本来であればボランタリズムに基づき，自然に加入者が広がるはずである．しかし，農協の共済事業は商品として強力なマーケティング活動を通じて販売されるのみならず，職員の「ノルマ」として組合員にも職員にも負担感を持たれながら，半ば強制的に「普及」されている．ただし，今日のように民間保険事業の不足ではなく過剰が明らかな時代にもボランタリズムに則った

共済事業の拡大は可能である．農協ではなく，地域生協の例であるが，ちば
コープの共済普及活動を紹介した高橋［2000］のようなあり方[23]は今日で
も可能である．

　実は，わが国の農協組織が当初からボランタリズムを十分に持ち得ないで
きたことの問題は石田［1958］によってすでに示されていた．石田［1958］
は，わが国の農協が発足して日の浅い1950年代に，その圧力団体としての
機能を組織論的に分析している．そのポイントは「わが国圧力団体の内部的
な構造において，頂点に近づくほど目的集団としての色彩が強く（少くとも
表面的には），最底辺に近づくほど伝統的な『つき合い』集団化し，地域性
の中に埋没してしまうという性格が一般的にみられるが，それは部落（集落
―筆者）を末端にくみ込んだ農協において最も顕著なあらわれをみることが
できる」[24]点にある．石田は特に「成員の自発性の欠如」を問題視し，次の
ように述べている．「農協組織の強化のために，部落的拘束を利用すればす
るだけ，組織への無関心を増大させ，目的集団としての成員の自発性調達が
困難となり，益々集中化，官僚主義化する機構と，無関心な成員の即自的・
閉鎖的統一体としての部落秩序とが分極化傾向をたどる可能性が極めて大き
い．勿論大衆社会において官僚主義化する組織が末端に小集団をくみ入れる
ことは，その組織の統合を強化する有力な手段とされることが通常であり，
そうした意味での小集団に部落が代位させられていることも事実であろうが，
にも拘らず，基礎的小集団が成員の自発性を培養するのでない限りは，小集
団への自己没入は却って組織への無関心を助長さえする．その小集団が伝統
的な閉鎖性を持ち，内部的な意見の多様性とその相互の対抗的交流によって
発展する可能性を持たない場合には，これを援用することは，一時的な政策
浸透には有利であっても，長期的には自発性の欠如によって組織の機能障害
を結果することは避けられない．」以上の分析は，農協においてボランタリ
ズムが必要であるにもかかわらず，集落（部落）という小集団に依拠すれば
するほどボランタリズムを失ってゆく過程として，今日でもまったく古びて
いない理論の枠組みを提示している．

この問題は，藤谷［1974］にも「組織力」問題として，「自発性」や「ボランタリズム」という用語こそ用いていないものの，ある程度共通した指摘がある．ただし，藤谷の場合，1970年代初めの農協を分析し，「組織力の経済効果」を組合員の「計画的利用の経済効果」として，やや限定的に捉えている．そして，「農協が地縁組織（部落）を下部組織として包摂するか，旧村落単位程度の組織規模を維持するならば，この種の結合の力を『組織力』的に活用して一定の経済効果をあげうる場合がありうる」．だが，「この『疑似組織力曲線』は，旧村落単位に対応する組織規模においてもっとも高い水準を示し，それを越えると急速な低減を示す．（中略）『疑似組織力』は，農村の都市化の進展の中で急激に低下しており，農協の依拠すべき組合員の結合の力は，その本来的な『組織力』に純化してゆかざるをえない情勢にある」という．

さて，それでは「自発性」を備え，本来的な「組織力」に依拠した農協組織・事業のあり方とは，どのような姿がありうるのだろうか．1つの解答は，農協による地域農業振興の際の組織のあり方であり，集落を生かしつつもそれを機能集団として再編した営農関係組織であろう．

このような実例は，産地形成過程の「作物・畜種別部会組織」に顕著に認められる．例えば，板橋［1994］では熊本県旧植木農協（現鹿本農協）を対象に，スイカの産地形成における農協の機能を分析しているが，園芸部会―支部―集落という3段階組織が整備され，各段階における生産者の自発性をよく引き出す組織運営がなされていることを強調している．すなわち，生産者が参画した上での生産出荷計画の策定，農協と各生産者の委託販売契約の締結，農協から生産者に生産資材のセット供給，1玉ごとのスイカに「着果棒」を立てて適正な出荷時期のコントロールを図る等，生産者の自発的な参加がない限り，到底，実行不可能な運営がなされている．もちろんスイカの生産者のみが部会員であるが，その中から各集落1～3名の役員を選出することで，末端まで情報が行き渡り，また情報を上部（部会役員・農協職員である営農指導員）によく伝えるシステムになっている．

もう1つの実例としては，北原［1994］が長野県伊南農協を対象に分析しているように，行政と農協が手を携えて，地域農業振興の主体となる組織＝「営農センター」を設置する等の例がある．この営農センターシステムもまた，営農センター—地区営農組合—集落営農組合という3段階組織となっており，特に重要な機能を果たしているのは，地区営農組合である．この事例（伊南農協・飯島町営農センター）では，地区営農組合の中に営農企画・農地利用・機械施設・労働調整・生活改善の5専門部を持ち，地域農業を全方位から支援している．例えば，地区営農組合が農地の賃貸借の希望を募り，地区全体の土地利用計画の素案をまとめる等，地域の営農を大きく左右するような役割を果たしている．これに対し，集落営農組合は，「組合員と地区営農組合の連絡調整機能」をもつ存在であり，地区営農組合の補完機能を担っている．いわば地区営農組合の末端組織として，欠かせない存在であり，95％以上の地区営農組合組織率の根拠になっていると思われる．

　以上のように，営農に関しては，集落そのものが成員の自発性の供給源となるわけではないが，集落を機能集団に再編することで，生産者の自発性を引き出すことが可能である．一方，過疎化が著しく進んだ地域では，集落を再編した機能集団の形成・維持すら不可能になり，耕作放棄をとどめる術がない状況である．このような現状をかんがみると，集落の存在はボランタリズムの醸成にとって，必ずしもマイナスとはいえない．これらの分析においてボランタリズムという概念こそ用いてないが，成員の主体性を形成し，組合員・職員が組織立って地域農業振興という目標に向かって動くことは，冒頭に規定したボランタリズムの実例ということになろう．実は，3章・4章で取り上げる事例がいずれも産地形成成功例（3章の事例は高級スイカと良質米，4章の事例はハウスイチゴ・夏秋ナス）であることは偶然ではないだろう．

　しかし，高齢者福祉分野においては，以下のように事情が異なる．相川［2000］は，長野県北御牧村K集落を対象に，高齢者福祉ボランティアの性格と集落との関連性を分析している．K集落は北御牧村におけるボランテ

ィア活動の拠点的集落であるが，それでもボランティア参加者が多くはない．1995年の調査時点で，参加女性12名に対し，不参加女性57名であった．このことについて，相川は集落（農村）の伝統的互助原理は，あくまでも「互助」であり，ストレートに「一方向の奉仕という無償ボランティアの発想」に結びつかないと指摘している[25]．K集落でボランティア活動を呼びかけた農家主婦は，「いま他のお年寄りの世話をしておけば将来年老いた時に他人の世話を自分なりに納得して受け入れることが出来るという，農村に従来から存在する長期的視点にたつ『お互い様』の論理を持ち出して説得し，それに人々が反応して参加した」[26]といい，相川はこれを「従来からある集落の互助精神が転用され，福祉ボランティアへとつながった」と評価している．ただし，同時に「福祉ボランティア活動を始めてみると，今と将来との時間的ずれは互助の精神から言えば，当分は自分の持ち出しばかりで，辻褄があわない」とも指摘している．特に子供が村外に他出している場合には，高齢者側は援助を潜在的に必要としていようが，ボランティア活動をする側にとっては，現在も将来も，当該家族から援助を受ける見通しはなく，この活動を成り立たせるには伝統的相互扶助とは別の論理が必要である．ゆえに，集落の論理を高齢者福祉活動にすぐに直結させることには無理があり，集落全体を再編した組織を創り，管内のメンバーを網羅的に組織化することは，この分野にはなじまないといえよう．すなわち，上記の営農関係組織では，原則的に相互扶助がリアルタイムの関係として成立するので，相互扶助原則に立った機能集団を作り，全メンバーの加入を呼びかけることが可能である．しかし，高齢者福祉分野では相互扶助のタイムラグがあるか，あるいは相互扶助そのものが成り立たない可能性があり，集落の伝統的相互扶助原理に依拠しない新たな論理が求められるわけである．

　実は，もう1つ指摘しておかねばならないことは，営農関係組織における「成員」は，基本的に男性経営主であるのに対し，高齢者福祉分野における組織の「成員」は，ほとんどが女性であるという点である．さらにいえば，前者においては，男性経営主を基礎単位にした地縁的網羅主義的な原理に拠

るが[27]，後者は個人（多くは女性）が選択的・自発的に参加し，集落の枠組みには沿っていない点が大きく異なっている．

2. 新規事業の創造とボランタリズム

それでは，農協が主体となって行う高齢者福祉事業が，なぜ家庭内介護等に代わって行かねばならないのだろうか．これは次のように考えられよう．これまで，高齢者の介護を家族がすることは，当たり前のことであり，それがうまく行かないのはプライベートな（私的な）問題だととらえられてきた．しかし，高齢化・少子化が進む中では，プライベートなレベルでの解決は困難になりつつあり，これはパブリックな（公の）問題として把握されるようになる．プライベートな問題ではなく，パブリックな問題に取り組むのが公益であると言い換えてよいであろう．そして，パブリックな問題を自発的に解決しようと，組織的な対応がなされることが，ボランタリズムとしての事業創造である．

実は「プライベートだと思い込んでいた，あるいは思い込まされてきた問題」が本当はパブリックな問題であることを発見し，それを活動・事業にして行くというのは，協同組合の成り立ち・事業化のあり方そのものである．すなわち，農民が貧困から抜け出せないのは，各農家の努力が足りない（プライベートな問題）のではなく，生産物を不当に安く買いたたき，資材を法外な値段で売りつける業者や高利貸しがいる（パブリックな問題）ためであるという発見が，農協あるいはその前身の事業をつくっていったといえる．こうした発見が，販売事業・資材購買事業・信用事業が誕生する契機となったはずである．

同様に，病気や事故・災害で生命や家産が脅かされることを「運が悪かった」（プライベートな問題）と考え，諦めるのではなく，相互扶助の共済システムを形成して万が一に備えようというのが，共済事業の端緒である．今でこそ，共済事業は巨大な事業となり，農協系統最大の収益事業として，か

つてとは違う意味を持つようになったが，初期の事業は「福祉」事業の性格を強く持っていたのである．

さらに，今日的な福祉活動の典型として酪農・畜産ヘルパー組合の結成とその運営を評価することができよう．酪農・畜産ヘルパー事業は農協の事業そのものではなく，農協外郭団体として活動することが多いが（稀に農協直営方式），事業の創造過程は農協の各事業と同様である．すなわち，酪農家が「自分の家の葬式があったとしても搾乳を休めない」，「子供を泊まり掛けの旅行に連れてゆくこともできない」という状況は福祉問題そのものであろう．こうした事態を解消するために農協の支援によって生まれたのが酪農ヘルパー制度であり，これはボランタリズムを原則とした福祉活動に他ならない．制度発足当初は，ある種のスティグマ（恥意識）の存在があって，万が一の時だけ利用されていたが，最近では休日を積極的に取るために定期的に利用する酪農家も増えてきている．農協が事務局を担っている場合が一般的であり，ヘルパー組織の職員を養成する仕組みを連合会が作っていることも注目される．

こうした観点から言えば，かつて，1970年の第12回全国農協大会で策定された「生活基本構想」は，農協が生活問題をパブリックな問題として捉え返す転換点であったと，評価することができる．この構想は，農協生活活動の目標として「生活の防衛・機能向上の発揮」と「農村地域社会建設」の2つを掲げ，その実現のために①情報の確保と教育・相談活動，②健康を守り向上を図る活動，③老人の福祉向上と子供の健全育成を図る運動，④危険に備え，生活基礎をかためる運動，⑤快適な生活環境をととのえる活動，⑥消費生活を守り向上を図る運動，⑦生活を楽しみ文化を高める活動，を挙げている．老人福祉という言葉をいち早く用いている（ちなみに日本の社会福祉制度がいちおう整備された「福祉元年」は1973年である）のみでなく，広い意味での福祉の向上を多面的に目指していると評価できよう．

ただし，生活基本構想は「農協事業の脱農化の免罪符である」として，職能組合としての農協を堅持しようという立場からは，強く批判された．すな

わち,「農村部の都市化, 混住社会化といわれる現象の拡大に伴って, 組合員の脱農化・准組合員の増加が進み, それと共に農協事業の重点が生活資材・共済・信用に傾斜する傾向を基盤として, 系統内部から主張されてきた」「地域協同組合」論と結びつけられ, 批判されたのであった[28]. もちろん, 収益の上がる脱農事業のみを突出させる事業展開を批判するという意味では, こうした批判は妥当であった. しかし, この構想の文面そのものは, きわめて適切な内容であり, 改めて今日的な視点から生活基本構想を再評価する必要があろう. 実際にも生活事業が, 生活指導員の配置や婦人部(女性部)の活性化とともに生活文化運動や食材宅配事業の発展を見せ[29], これが「福祉活動」的色彩を帯びる場合も少なくなかった.

また, 生活購買店舗事業も初期においては,「店のないところに店を出す」「生活改善運動と結びついた商品(魚肉ソーセージや食用油)の提供」「消費水準としての『生活水準』を高め, 生活を都市並みに引き上げる」という目的に添って事業展開されたのであり, 広い意味での「福祉の向上」を明らかに目指していた. しかし, 農村部にもスーパーの出店が進み, 自家用車が普及し, 消費水準が都市並み(以上)になる中で, 店舗事業の性格は単なる経済事業に転じていったといえる.

補論 「契約的」共同販売とボランタリズム

以上より, 農協事業の初期において, ボランタリズムに則って事業が創造される過程を明らかにした. しかし, このことは事業が軌道に乗った後にもボランタリズムを維持できることを保障しない. 事業が軌道に乗ってもなおかつボランタリズムが保たれるか否かが, 次の問題であろう. そのためには, メンバーの信頼を再生産し, ボランタリーな組織を日々, 新たに創ってゆく事業方式が必要であろう. この問題を考えるために, 本項では補論として, 販売事業(共同販売＝共販)の事業方式について, 考察したい.

販売事業には, かつての政府米を中心とした米販売事業に典型的に認めら

れるように「ボランタリズム」の生まれる余地がほとんどなかったといえる．しかし，青果物・果実の産地形成過程で確立したような共販運動には，「ボランタリズム」の萌芽を認めることができるといえよう．筆者は，農協系統の「共販」に，①経済的メリットと相互の信頼関係を基調とした「契約的」共販と，②何らかの権力の存在が前提の「統制的」共販という理念の異なる2つの共販概念が存在していると捉えたい．ただし，この2つは明確に分離して存在しているのではなく，1つの事業内部に概念が並存している可能性もあることに注意が必要である．

そもそも，農協共販運動は食糧統制の緩和過程（1950-60年代の畑作物統制の緩和過程）において，農協系統として主体的に販売事業に取り組む意志表明として提唱されたものである．その目的は「系統組織による大量集荷と計画的販売を通じて，ア．農家の適正手取価格の実現，イ．平均売・共同計算の方法による出荷及び価格の季節的変動の排除，ウ．商工業資本による不当な中間利潤の排除，エ．販売代金の貯蓄による農家資金の蓄積を実現すること」[30]と説明される．

しかし，1950-60年代の全国的な麦共販運動，北海道の豆類・雑穀等共販運動は失敗のうちに幕を閉じることになった[31]．1950年代末のホクレン（北海道の農協経済連合会）の自主共販が崩壊した背景を三田［1976］は「輸入在庫の圧迫による市況下落や目標価格をベースとした商人資本の農家へのサービスと競争力強化等の事情があった点は無視できない．他方，自主共販運動は，農民の自主的・自覚的な要求に根ざした運動とはならず，上からの官僚的な推進の枠にとどまり，相場変動のもとでの買取販売による抜け売りを防止することができなかった．また，目標価格が最低保証価格として組合員にうけとられ，精算価格が目標価格を下まわることによって，組合員の共販参加意識が低下するにいたった」と，分析している[7]．

農協共販が事業としても運動としても確立したのは，1970年代以降，青果物や花卉・果実の産地形成とともに単位農協（単協）単位での共販が定着したことによる．水田転作が恒常化した中で，いわゆる転作対応としての産

地形成が進行，単協独自の販路開拓とともに共同計算（共計）や農協施設での共同選果（共選）が組み込まれ，予冷庫や低温貯蔵庫等を利用した物流改善を伴い，作物別生産者部会を組織基盤とした共販が確立したといえよう[33]．また，果実・青果等の専門農協で発展していた共選共販が，総合農協の中に合併等の形で取り込まれた経緯も重要である[34]．

以上のような農協共販の進展は，農協の営農指導のあり方を変え[35]，生産者部会等による生産技術および流通技術面での学習を促進するものであった．こうした共販は，生産者部会等のメンバー同士の信頼関係を基礎に成り立つとともに，共計・共選という手法を用いることで，信頼関係を再生産する事業方式であると評価される．というのも，品質が異なる可能性のある他のメンバーの生産物が，自らの生産物と同一商品として扱われるわけであり，厳しい内部規制を行いながら，全体としての品質向上・商品量の拡大が，組織をあげて目指されるからである．

さらに，これらの単協レベルの共販は，1980年代以降に広域産地形成につながることも少なくなかった．この広域産地化の手法は，農協広域合併による場合もあれば，広域連合会のような事業連合を形成する例[36]もある．

以上のような農協共販のあり方に対して，政府米が主流の時代における「米の共販」こそが共販の原型であるという認識も一方にある．例えば，岸[2000]は，次のように述べる．「米はこれまで系統共販のいわば模範だった．系統全利用，無条件委託，共同計算という共販三原則は米において最もうまく作用していた．というより，（旧・食糧管理法に基づく―筆者）食管制度の円滑な運用のために系統共販が必要だったのである．それは政府による買入れと最低価格の保障（生産者米価）を背景とするものだった」[37]というものである．確かに，戦前の産業組合の経験では米の共販運動が存在していた時期もあるが，戦時食管制度の確立過程で，米共販は米統制に飲み込まれたといえる[38]．そして，戦後の米「共販」は，戦時統制として完成した食管制度を起源とするものである．

恐らくは，農協系統内部において「共販」という用語に2通りのニュアン

スがあることがこの背景にあろう．野崎［1979］は1970年代末に共販論を整理しようと試み,「単位組合が単独に販売する場合（単独共販）と，系統組織を利用して販売する場合（系統共販）」[39]を大別した上で，後者を県段階利用の部分系統共販と全国段階利用の完全系統共販に分類している．そして「これは理念的に考えられるというだけでなく，現実にもこの3通りの共販形態が採用されるわけです．時と所を問わず，何でもかんでもすべて系統全利用こそがもっとも正しい共販の姿勢だとはいえません．戦前の産業組合時代に無条件な系統全利用論が提唱され，時に正当な単独共販さえ否認され，それがあたかも系統組織に反逆するものであるかのように非難する行過ぎのみられたこともありました．だが理論的にも単独共販（部分系統共販を含む）が許される場合があるのです」[40]と，述べている．上記の分類は，どの段階までの共販であるかを単に意味するに留まらない．筆者は，農協系統の「共販」に，①経済的メリットと相互の信頼関係を基調とした「契約的」共販と，②何らかの権力の存在が前提の「統制的」共販という理念の異なる2つの共販概念が存在していると捉えたい．しかも，この2つは明確に分離して存在しているのではなく，1つの事業内部に概念が並存している可能性もあると推測される．

　先に岸［2000］が，米事業を系統共販の模範と述べたのは，「統制的」共販の観点からの評価であろう．もちろん，その背景に農業政策の決定・執行権限を有する行政の権力が存在していたわけであり，先の三田［1976］で指摘されたような「農民の自主的・自覚的な要求に根ざした運動」ではなかったといえよう．他方で米価運動という「運動」は存在したが，本来は共販を発展させる中で自分たちの事業・地域農業を発展させるはずの運動が，単なる「物取り」運動に変質してしまっていたことは，農協系統全体の性格づけ，力量に大きな影響を与えるものであった．

　さて，新しい食糧法の下で，農協系統はどのような米事業を想定したのであろうか．北出［1995］は，次のように述べている．「全国農協中央会（全中）は95年4月，新食糧法に対応しJAグループの米生産・販売事業の再

構築に向けた RICE 戦略[41] を決定した.」「全中でこうした戦略を決定したのは『新食糧法』は国による規制・管理から民間主体の流通への制度変革であり,これは『JA グループ主導型のシステムをつくる契機』になるとともに『JA グループが大きな役割と責任を担う』ことになるとする情勢認識からであった.」「なお,全農はこの RICE 戦略が決定される前の 94 年 11 月,『新たな米管理システムと JA グループの対応について』をまとめていたが,ここでは『JA グループの新たな米共販運動』(傍点,筆者)の展開が提起されていた.この『新たな共販運動』は RICE 戦略にも主張されているが,全農は 95 年 8 月,その推進を正式に決定した」[42] という.

　この制度転換は「食管制度から新食糧法への転換をひと言で要約すれば,政府食管から農協食管への移行」[43] であると評価された.岸［2000］は,「『農協食管』とはつまるところ,①全員参加で生産調整を成功させ,②とれた米は系統共販で有利に販売し,③余ったときには調整保管して翌年以降の生産調整でつじつまを合わせる――というシステムである.その成否はこのシステムに組合員をどこまで結集できるかにかかっている」[44] と説明する.しかし,岸氏自身,その見通しには悲観的である.例えば,生産調整について,建前では自主性を尊重した生産調整が進むはずであるが,「自治体や集落,農協による事実上の押しつけ,強制が広範に残るであろうことをうかがわせる.そのことを,ある経済連の幹部は『当県では"むら意識"が残っているので生産調整については心配していない』と述べた.とはいえ米価が低落傾向を辿り,転作面積が拡大したときにも依然として"むら意識"に頼れるかどうか,またそれが長い目でみてプラスであるかどうかは疑問の余地がある」[45] と,非常に控えめな表現ながら,「統制型」の「農協食管」の実現性と将来性を危惧している.

　上記の懸念は根拠のあるものであり,現実にも食糧法施行以来,農協系統の集荷率は低下するとともに価格も低落傾向にある（②の系統共販の不調).また,過剰在庫を農協系統の責任で抱えきれず,政府在庫が膨らみ,緊急の追加的生産調整を必要とする状況（③の調整備蓄の不調）にもある.唯一,

生産調整のみが目標を達成しているが，その背景には相対的に有利な「生産調整補助金」[46]の存在と，生産調整枠の遵守が「稲作経営安定対策」適用の条件になるという縛り[47]が存在する．ゆえに，農協系統の力で生産調整が行われているとは言いがたい現状である．

　農協系統は「統制的」共販の限界を自覚し，ボランタリズムを生かす事業方式としての「契約的」共販の価値を再認識すべきと思われる．

　　注
1) 早瀬 [1997] 45 ページ．
2) 中央法規出版編集部 [2001]．
3) 杉岡 [1998] 69 ページ．
4) 同上．
5) 同上．
6) 飯坂 [1978] 102-104 ページ．
7) 以上，オズボーン [1999] 1-3 ページ．
8) 同上，12 ページ．
9) 同上，11 ページ．
10) 同上，13 ページ．
11) 同上，14 ページ．
12) 同上．
13) 経済産業省産業構造審議会 NPO 部会中間報告書「新しい公益を目指して」．
14) 資料：米国 IRS ウェブサイト (http//www.irs.gov/)．内国歳入法上も非分配原則が厳密に扱われるのは，charity 団体 (501(c)(3) に該当) における寄付控除についてのみである．
15) 塚本 [2002] 5-6 ページ．
16) ヘザリトン [1996] 163 ページ．
17) (財) 公益法人協会 [2001] 2 ページ．
18) 同上，1 ページ．
19) 経済産業省ウェブサイト：経済産業省産業構造審議会 NPO 部会「中間とりまとめ（案）『新しい公益』の実現に向けて」に関するパブリックコメント募集の結果について．http://www.meti.go.jp/feedback/deta/i 20516 aj.html
20) 柴田 [1998] では，「社員の力で会社を変えよう！」という架空の「内部文書」の中で若手社員（これもフィクション）に自発的に会社を変革するよう檄を飛ばさせている．
21) 金子 [1998] 338 ページ．

22) 同上，012ページ．
23) 高橋［2000］24ページでは，生協定時職員（いわゆるパート職）が自分の子供の入院体験から生協の共済を本心から他の組合員にすすめ，それが加入者増につながったことを報告している．
24) 石田［1958］152ページ．
25) 相川［2000］第5章参照．
26) 同上，129ページ．
27) 武内・太田原［1986］第1章「日本的農協の出生と軌跡」で太田原は，わが国の農協の特徴として①総合主義，②属地主義，③網羅主義の3つをあげていた．農協法改正によって属地主義・網羅主義は法形式的には崩れたが，実質的に維持されている．
28) 太田原［1979］4ページ参照．
29) (社)北海道地域農業研究所［1992］55-99ページ参照．
30) 米坂［1985］260ページ．
31) 三田［1976］209-212ページ．
32) 同上，212ページ．
33) 例えば，太田原［1979］134-135ページの洞爺村農協の青果物共販は，先駆的な典型事例である．
34) 同上，165-189ページ参照．
35) 営農指導の変化については，田渕［1994］参照．
36) 広域事業連の事例は，田渕・河村［1997］304-308ページ．
37) 岸［2000］133ページ．
38) 戦前の産業組合の米共販と，それが戦時食管に吸収されてゆく過程は持田［1995］41-44ページ．
39) 野崎［1979］93ページ．
40) 同上．ただし野崎氏は，同一の市場において系統組織同士（例えば県連と全国連）が競合することは許されないと主張し，系統によるコントロールの必要性を強調している．
41) RICE戦略とは，正式には「JAグループの米生産・販売対策新方針」として定められ，Restructuring（再構築），Identity（JAらしさ），Concentration（結集），Efficiency（効率化）の頭文字を採って，呼称が決まったものである．その4つの重点課題は①生産調整の確実な実施による全体需給調整，②計画流通米の確保，③備蓄・調整保管の運用と新たな基金の構築，④自主流通米の計画的・安定的販売と競争力の強化，である．以上は岸［2000］125-129ページによる．
42) 北出［1995］51-52ページ．
43) 佐伯［2000］39ページ．
44) 岸［2000］132ページ．

45) 同上，133ページ．
46) 2001年度水田農業確立対策における助成金は，最大（とも補償への参加・水田高度利用加算等）で10a当たり73,000円．緊急拡大分についてはさらに加算される．
47) 稲作経営安定対策は，1999年度に創設され，過去の価格水準の8〜9割を農家と政府の双方による出資（1：3）を原資として補填する制度である．この制度は任意の参加によるが，参加条件として生産調整の実施等が定められている．

第2章　農協における高齢者福祉事業の創造過程

第1節　福祉ミックス論の中での農協事業

1. 社会福祉基礎構造改革と福祉ミックス論

　農協が高齢者福祉事業を現実に担うようになったのには，社会福祉政策の再編が大きい．そして，政策再編の背景には，社会福祉に関する理念の転換があったことを見逃してはならない．ここでは，その裏づけとなった福祉ミックス論について考察した上で，1990年代後半以降の社会福祉政策の再編を確認したい．

　蟻塚［1997］は，社会福祉に関する理念の変革について，次のように述べている．まず，岡村重夫氏の見解を引用しつつ，「『一定の資本主義社会の発展段階における社会・経済的条件によって規定される社会福祉の原型』の1つは『法律による社会福祉（statutory social service）』であり，『わが国でいえば福祉六法』，すなわち公的社会福祉であると規定する．そのうえで，『しかし法律による社会福祉が社会福祉の全部ではない．いな全部であってはならない』とし，もう1つは『法律によらない民間の自発的な社会福祉（voluntary social service）による社会福祉活動の存在』を挙げ，これこそが，『社会福祉全体の自己改造の原動力として評価されなければならない』」としている[1]．

　さらに，以下のように福祉ミックスという概念を定義する．「従来の公的

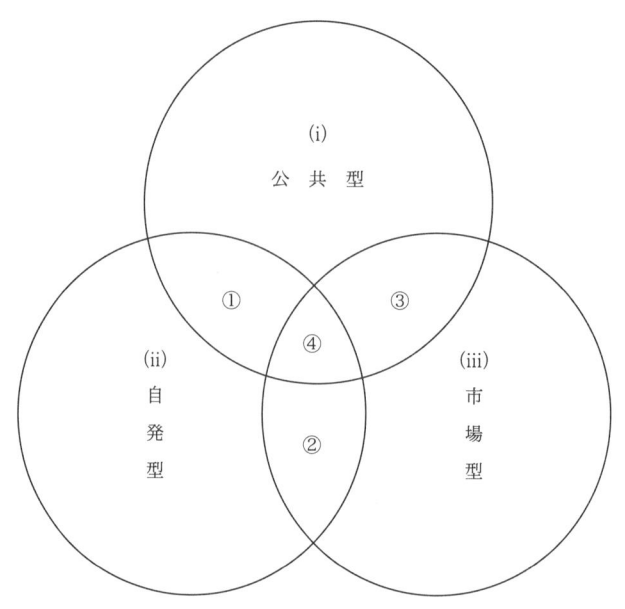

資料：蟻塚［1997］129ページ.

図 2-1　福祉ミックス論の概念図

福祉供給システムにそれとは異なった理念に基づく新たな供給システムが加わることによって，わが国の福祉供給システムは多元化の時代を迎えるようになったのである．公的供給システムのうえに住民参加や企業などによる福祉供給を理念的なモデルとして類型化してみると」，これらの関係は図2-1のように整理される．「すなわち，公的な枠組みにおける福祉供給システムは(i)公共型であり，住民参加のそれは(ii)自発型，そして民間事業者によるものは(iii)市場型として類型化することができる．」[2]「公共型供給システムの整備・拡充は，第2次世界大戦後の福祉国家をめざす諸国にとって一貫した目標であった．すなわち，所得の再分配や対人サービスを市場にゆだねても民間の力が弱いために十分な役割が期待できないから，第一義的には公共型供給システムで必要なサービスを調達する，という考え方である．しかし，この結果として，肥大化した公共型供給システムは，財政の圧迫要因となる

ばかりか，サービスの費用対効果の面においても，高齢化の社会・経済への圧力緩和策としても不十分であることも，指摘されはじめた.」そこでサッチャリズムのように市場の再評価・導入策がはかられたが，「政府の欠陥を是正するために単純に再び市場にゆだねても，市場にもともと欠陥があるのだから，問題の十分な解決にはならない．そこで着目されたのが，この既存の政府，市場部門に対して，さらに非営利組織などのインフォーマル（非公式）部門を福祉供給システムに位置づけるという考え方であり，これらを反映した政策は，一般に『福祉ミックス』(welfare mix) と呼ばれている」[3].

この福祉ミックス論は非営利組織や協同組合の社会的役割を論じる「非営利セクター論」「第3セクター論」[4]と酷似しており，非営利組織等のボランタリー組織が，社会福祉の分野で重要な働きを遂げるものとして，本書の主題に響きあう議論である.

ただし，欧米で一般化した福祉ミックス論という理念が，日本において十分に消化されて政策再編に用いられたのかどうかについては，川口 [1999] の次のような批判がある.「福祉サービスを，国家が独占する『福祉国家モデル』から，多様な福祉供給者によって構成される『福祉多元主義モデル』あるいは『福祉ミックス・モデル』への移行は，世界的動向である．日本においても，その論議は，公的介護保険導入に先だって紹介され，議論されてきた．しかしながら，その紹介議論には，重大な2つの誤り，ないし偏向がある.」「第1の誤りないし偏向は，〈供給の多様化〉が〈財源の多様化〉と同一視されていることである．（中略）ヨーロッパの議論では，福祉ミックスは供給の多様化ではあるが，財源は公的責任を維持する．日本においては，財源と供給を切り離すという発想そのものがなく，供給の多様化が，そのまま財源の多様化に結びついてしまっている.」「第2の誤りないし偏向は，福祉ミックスの多様な供給主体として，非営利・協同組織が位置づけられない，あるいは非営利・協同組織への理解をまったく欠いている，という点である．例えば，日本での代表的論者である丸尾直美氏は，福祉ミックスの担い手として，政府セクター，市場セクター，そしてボランティア，家族を含むイン

フォーマル・セクターをあげる（加藤・丸尾［1998］—筆者）．ボランティアをあげている点に新しい動向をみているのであろうが，国際的な議論では，ボランティアは〈制度化された非営利セクター〉のなかに位置づけられている．事実，ボランティアが重要な役割をはたしうるのは，こうした制度化された枠組みのなかにおいてであって，けっしてインフォーマルなそれではない．（中略）かつて，アメリカの第3セクターが非営利セクターであることが理解されないまま日本に紹介され，官民ジョイント企業を第3セクターと呼んでしまった過ちが，再びここで行われている」と，厳しい論調が続く．そして，「非営利・協同組織を抜きにした供給の多様化は，結局，市場と，家族を中心とするインフォーマルな供給しかない．ここに，先の財源の多様化を結びつければ，それは〈新自由主義〉と〈家族主義〉の結合という，日本型保守主義にほかならない．それは，（『与える福祉』，『選ぶ福祉』に代わる—筆者）『参加する福祉』，『創る福祉』とまったくあい反する方向である」[55]というのが，批判の概要である．

　筆者の見るところ，加藤・丸尾［1998］が非営利組織を無視しているとは思えない．同著全体を総括する序章（丸尾氏執筆）においても非営利組織に触れられており，同著後半では非営利組織を扱う単独の章も設けられているからである．ただ，丸尾氏の主張する社会の3つのシステム「経済システム（主に市場）」，「政治システム（議会・審議会など）」，「社会システム（インフォーマル・セクター）」のうち，第3の社会システムがインフォーマル・セクターであるとし，ここに家庭・家族とともにボランティア・非営利組織が含まれている点が問題であろう．先に引用した蟻塚［1997］でも，自発的な福祉の担い手として非営利組織・協同組合等を想定している．ただし，非営利組織をフォーマルな組織ではなく，「インフォーマル（非公式）部門」としているところは加藤・丸尾［1998］と同様である．

　いわゆる第3セクターに分類される非営利組織がフォーマルな存在であることは，ペストフ［2000］が明らかにしているところである[6]．非営利組織（ペストフの用語ではアソシエーション）は，家族，コミュニティといった

インフォーマル・セクターとは一線を画し，公式化された非営利サービスを供給する存在としている．筆者もまた，（組織的・持続的活動原理としての）ボランタリズムの担い手として，非営利組織を想定したのであるから，これらをフォーマルな存在と捉えるものである．ゆえに，蟻塚［1997］から引用した図2-1における「(ii)自発型」は，家族・家庭・コミュニティを除く，フォーマルな非営利組織の提供するサービスとして，本書では捉えてゆきたい．

では，現実の社会福祉政策の再編はどのように進んだのであろうか．以下で確認したい．そもそも，わが国の戦後における社会保障（「社会保険，国家扶助，公衆衛生および狭義の社会福祉の4部門をまとめた上位概念」）[7]の方向性は1950年の社会保障制度審議会勧告によって方向づけられた．すなわち「いわば公的責任による社会保障，社会福祉の推進体制を第一義的なものにして社会福祉事業が運用され」[8]るあり方である．しかし，「社会福祉施設などの設置・運営をすべて公設公営方式で画一的にまかなうには限界があるから，その出発点として51（1951—筆者）年の社会福祉事業法制定によって社会福祉法人が規定された．民間の力を生かしつつ公金によって社会福祉事業を実施しようという日本型の構図の基本線が描かれたのである．」「しかし，この社会福祉法人の経営もまた措置委託費＝公費に基盤をおいている以上，公的な社会福祉施策の枠組みのなかにとりこまれ，公共型福祉供給に入るものと整理される．」[9]

ところが，以上の原則は「社会福祉基礎構造改革」の下で，大きく転換された．すなわち，「厚生省社会・援護局長の私的諮問機関『社会福祉の在り方に関する委員会』（平成9年8月設置，11月報告書提出）での検討を経て，中央社会福祉審議会が9年11月に社会福祉構造改革分科会を設置，審議を開始し，10年6月に『中間まとめ』を発表して」[10]いるが，「同分科会での主要な論点，改革目標は，現行の公的福祉提供システムを廃止して，市場からサービスを購入する利用契約型福祉システムへ全面的に移行させることにある」[11]と，されている．いいかえれば，行政措置として福祉サービスが与

えられることが基本ではなくなるということであろう．福祉サービスの受け手（クライアント）が福祉サービス供給者と契約を結び，福祉サービスという商品が売買されるという新しい仕組みが導入されることになる．ちなみに公的介護保険制度とは，サービスを買うのに必要な費用の9割を保険制度が保険金支払いとして負担（うち半額が保険料，残りは公費原資），残り1割をクライアントが支払う仕組みである．

　都市部で安定した収入のある階層にとっては，制度改革の結果は歓迎されうるものであろう．多彩で柔軟性に富んだ良質の民間サービスから自由に選択し，健康保険料や税負担も軽減される可能性があるからである．しかし，低所得者は介護保険料に加え，1割の自己負担金が重荷となり，福祉サービスを充分に買えないことが予想される．収入の不足を補うための保険制度であるが，低所得者にとっては，むしろ経済的にマイナスになる．さらに，介護保険法では保険料を納めない者はサービスの対象から除外することが原則である．あるいは，介護保険法では介護を要するという「要介護認定」を受けなければ対象にならないので，ぎりぎりのところで，認定から外れた場合[12]には，保険外の「高い」サービスを買わねばならない場合が想定され，この場合も低所得者の負担は大きい．

　さらに，「介護保険について現在最も危惧されているのは『保険あって介護なし』となるのではないかということ」[13]である．例えば，小規模な地方自治体では，介護保険法で想定する福祉サービスの質・量の確保が困難である例が少なくない．こうした地域では，福祉ビジネスの採算が合わないゆえに，民間参入は余り期待できず，乏しい財政力の下で，方策の立てられない例も多い．すなわち，「保険あって介護なし」という，図2-1のi，ii，iiiのいずれからもサービスが供給されない状況がありうるということである．例えば，栃本［1997］では市町村毎の要介護高齢者数と提供できる福祉サービスの概数を示し，きわめて大きな格差が存在していることを明らかにしている．支給限度額に対する給付額が平均42％（2002年5月審査分，厚生労働省資料）と抑制的な状況にあるのは，低所得者の利用料負担忌避とサービス不

足地域の存在を示唆するものである．

　加えて，市町村行政による社会福祉政策は市街地中心に組み立てられる傾向が強いために，同一市町村の中でも農村部での問題がより深刻である．相対的に家族数が多く，集落ごとの相互扶助がまだ色濃く残っている（と見なされる）農村部等には，在宅介護に関わる福祉サービスが整備されていないことが多い．一例をあげるならば，北海道でもっとも先進的な「福祉のまちづくり」をしている栗山町でさえ，農村部では問題を抱えていることは(社)北海道地域農業研究所・農村高齢化問題研究会が明らかにしたところである[14]．

　これらについて，杉岡［1990］は農村における問題を次のように整理している．「介護問題は，介護資源の豊富な（と思われた）直系家族的世帯においては家内の私的世界の問題として扱われやすく，その一方で核家族化が進んで家族内の介護資源が減少(ママ)の一般化は社会的対応の必要性を認知させ，介護サービスや介護支援が登場することになる．しかし，農村地域社会，とりわけ，過疎地域においては，市街地人口が少ないところもあり，介護資源ストックの形成がなされてこなかった．そして，世帯構成や職業的背景からして，都市部に比較して介護危機の共有化，社会的認知の広がりもタイムラグが存在する．危機意識が一般化されていない分，組織的な対応や行政的サービスの整備が遅れることになり，現在，介護保険制度のサービスの整備水準の地域格差が指摘され，その対策の確立が求められている．」[15]

2. 農協の高齢者福祉部門への参入促進

　さて，全国的に農協の高齢者福祉事業が注目され，また事例も生まれ始めたのは，1992年の農協法改正以降のことである．この改正で農協の事業に新たに「老人の福祉に関する施設」が加えられ，福祉事業を営むことが公認された．むろん，広義の高齢者福祉活動を農協内部で行うことは農協法の改正がなくても十分可能であったし，実際にそれに取り組んできたことは，後

述の通りである．むしろ，農協系統にとって重要であったのは，対外的な問題であり，事業を法定化し，員外利用規制を大幅に緩和することで，行政福祉サービスの直接の委託先機関として認定されたことである．つまり，それまでは社会福祉法人を設立しなければ訪問介護（ホームヘルプ）や通所介護（デイサービス）事業を受託できなかったのが，農協自身が事業を営み，受託することが公認されたのである．もちろん，それ以前にも農協が出資して社会福祉法人を設立しさえすれば，事業受託は可能であった．しかし，相当額の財産（1億円程度）を保有することが法人取得の条件であるため，厚生連レベルでの特別養護老人ホーム・老人保健施設，付随した在宅介護支援センターは珍しくなかったが，単位農協での取り組みは皆無ではないものの一般化しえるものではなかった[16]．また，この事業については員外利用が，組合員の事業利用と同額の100/100まで公認されたことの意味も大きい[17]．介護保険発足までの主な福祉サービスの供給システムは，行政の直営か，行政による委託しかあり得なかったのであるから，組合員（家族または元組合員を含む）だけを対象とする高齢者福祉事業は行政委託の場合に許容できるものではない．ゆえに，福祉サービス供給の枠組みに適合させるには，員外利用制限を通常の事業の20/100から医療事業並みの100/100まで，大幅緩和させるしかなかったのである．ちなみに，同じ協同組合でありながら，消費生活協同組合（購買生協）については生協法改正は行われず，生協が同種の事業を行う場合には「国の個別認可による員外利用許可」を取らねばならないことが制約となっている[18]．

　農協法改正が全国農協中央会（全中），農林水産省（農水省），厚生省（当時）の協力で実現した過程を，相川［2000］は当事者たちからのインタビューによって明らかにしている．まず，全中がホームヘルパー養成講座を企画し，それが農協女性組織に強く支持され，爆発的に広がっていった．全中・営農生活部生活課長は，次のように述べている．「"要介護高齢者を助け合い活動で支えてゆく方針は，85年の農協大会に初めて出した．その当時，農協組合長の役員からは『全中は何を考えているんだ．福祉というのは金がか

かるし，そんなのは行政がやる仕事じゃあないか』という意見が多かった．そういう雰囲気の中で，高齢者福祉に取り組んでいったのは，女性の反応が非常に強かったからですね．1991年からホームヘルパー養成研修を始めて急速に拡がりましたからね．農水省補助金をいただきながら県中央会に養成研修をやってもらうことになったわけですが，困るほどに研修を受けたいという電話がドンドンかかってくる．募集すれば，すぐ定員が集まってしまう．言葉は悪いんですが，止めるに止められなくなってしまって．老親の面倒を現に看ている，乃至は将来そういう事態になった時，介護が出来るようにという女性の思いが背景にあって，大きく拡がってきた"と認識している」[19]．農協系統のホームヘルパー養成は全国の農協女性組織（後述）の熱烈な支持があって，急速に進行したわけである．このことが法改正の意欲へとつながって行ったのであるが，厚生省・農水省もまた前向きに取り組んで行ったのは次のような事情であったという．

　法改正当時の厚生省老人福祉課長は，在宅福祉サービスの不足に危機感をもち，次のような地域の実情に即した多様なサービス供給を構想していたという．すなわち，「政令指定都市や県庁所在地は福祉公社のようなやり方，大都市は住民参加型の団体，生協，営利企業が活躍しうる．そして，市部と郡部，とくに郡部は，JAが今までの公的セクターや社会福祉法人などの福祉プロパーとともに活躍できる」という構想である[20]．一方で，全中の意向を受けた農水省農協課長は，「農協法改正の経緯をみますと，農業基本法が出来て，農事組合法人の仕組みが62年改正で出来るが，それ以降の農協法の改正は端的にいうと金融関係の改正しかやっていない」「国会サイドからは非常に評判が悪い．『金融ばかり前面に出てきている．JAは営農指導とか，JAらしいことをやれ』という批判が強い」ことがあって，農協合併や金融関連の法改正をするためにも，高齢者福祉事業を法に明記することが望ましかったと述べている[21]．

　相川氏はこの経緯を次のように小括している．「1992年の農協法改正は，①ベースとして農村女性の介護ニーズを的確に捉えて，それを介護事業へと

具体化していた全中の役割がベースにあった．②法改正には，高齢者介護を省益に囚われず，広く諸機関と連携して推進しようとした厚生省の考え方が呼び水となった．③それら他省・農業団体の要請を受けとめ，国会サイドや周囲への気配りを慎重にしながら農協法改正へとつなげたことが功を奏した．つまり，3つの機関の目的と機能とがうまくかみ合って達成されたわけである．」[22]

上記は，厚生省が福祉ミックス論を理念として社会福祉基礎構造改革を進める前哨戦に当たる時期のことである．その後，福祉分野の法改正は1999年に公的介護保険法，2000年に社会福祉事業法等を改正した社会福祉法制定と進んだわけであり，農協法改正は小さな露払いであったと評価できよう．

その背景には，農村における高齢化問題が都市部よりも早く生じていたことがある．わが国の高齢化率（65歳以上人口比率）は2000年において17％に達し，厚生労働省は2020年にはそれが25％に至ることを予測している．農家世帯員の高齢化は，これよりはるかに早いスピードで進んでおり，1995年センサスデータでは北海道・都府県ともに約25％である（表2-1）．これは高齢化予測の全国推計を25年先取りした数字であり，わが国の高齢化率のピーク予測にほぼ一致する．さらに，2000年センサスによれば，北海道

表2-1　農家における年齢別世帯員数表

(単位：人，％)

	計	60歳未満	60～64歳	65～69歳	70～74歳	75歳以上
1990 北海道	404,870	287,311	34,414	27,308	21,116	34,721
比　率	100.0	71.0	8.5	6.7	5.2	8.6
1995 北海道	333,625	220,420	29,569	27,629	21,423	34,584
比　率	100.0	66.1	8.9	8.3	6.4	10.4
2000 北海道	281,023	160,399	22,064	24,090	22,329	52,141
比　率	100.0	57.1	7.9	8.6	7.9	18.6
1990 都府県	16,891,234	12,085,862	1,435,939	1,120,375	826,780	1,422,278
比　率	100.0	71.6	8.5	6.6	4.9	8.4
1995 都府県	14,750,679	9,879,643	1,232,909	1,258,206	939,826	1,440,095
比　率	100.0	67.0	8.4	8.5	6.4	9.8

資料：農林水産省，農業センサス1990，1995，2000（2000は北海道のみ）．

の農家世帯高齢化率は35%に及んでおり，75歳以上の後期高齢者だけで18.6%を占める状況である．後期高齢者は介護を要する可能性が高く，農家人口の1/5弱が後期高齢者であるという事態は，次に述べる家族数の減少とあいまって，農村における高齢者介護問題が，すでにかなり深刻になっていることを強く推測させる．

また，表2-2に示すように農家の世帯員数は急速に縮小し，1995年の北海道においては25%以上，都府県では約20%が，2人以下の「家族」である．これは農家においても直系家族ではなく，核家族が一般化しつつあることをも意味している[23]．たとえ，3人家族であっても，だれかひとりが倒れたら（介護者が必要なことを考えると）営農の存続は極めて厳しくなる．ゆえに半数近くの世帯が営農持続にとって十分な条件を有していないといえよう．(社)北海道地域農業研究所 [1998b] の北海道栗山町調査によっても，他出した子供等が農繁期には相当手伝いに来ており，それによってようやく営農が維持されている少人数の高齢者世帯が多いことが明らかになっている．介護もまた，他出した子供等の「通い」の援助等でようやく可能になっていると推測される．

こうしてみると，明らかにわが国の農村には高齢者介護問題が存在しているはずであるが，これは現段階ではそれほど顕在化していない．おそらくは，

表2-2 農家の世帯員数分布

(単位：戸，%)

	計	1人	2人	3人	4人	5人以上
1990 北海道	95,437	2,852	20,781	16,743	16,600	38,461
比　率	100.0	3.0	21.8	17.5	17.4	40.3
1995 北海道	80,987	2,688	18,886	15,042	11,728	32,643
比　率	100.0	3.3	23.3	18.6	14.5	40.3
1990 都府県	3,739,295	96,139	572,751	584,043	569,332	1,917,030
比　率	100.0	2.6	15.3	15.6	15.2	51.3
1995 都府県	3,362,563	100,973	575,283	545,742	524,736	1,615,829
比　率	100.0	3.0	17.1	16.2	15.6	48.1

資料：農林水産省，農業センサス1990，1995．

表 2-3　農家女性の内「家事・育児・その他が主」の人の動向（1995・北海道）

(単位：人)

年　齢	家事・育児・その他が主 1995 年計	前年度の状況				
		農　業	勤務	自営業	学　生	家事・育児・その他が主
計	53,516	4,716	661	178	9,485	38,476
15～39 歳	15,177	612	405	26	9,469	4,665
40～44 歳	1,130	241	36	14		839
45～49 歳	801	199	29	18	1	554
50～54 歳	1,080	311	31	15	1	722
55～59 歳	1,906	465	38	28		1,375
60～64 歳	3,560	721	50	21		2,768
65 歳以上	29,862	2,167	72	56	14	27,553

資料：農林水産省，農業センサス 1995．

家族・親族内で介護問題を処理しているか，施設入所・老人病院等への長期入院で対応していると思われる．家族内介護の場合に，その担い手になるのはほとんどが女性である．表 2-3 は，農家世帯の女性のうち，1995 年センサス調査時に「家事・育児・その他が主」と回答した女性の年齢別分布を示している．表では省略したが，20 代後半から 30 代にかけて「家事・育児・その他が主」となる層が厚くなり，40 代では薄くなることは，非農家世帯の女性のいわゆる「M 字型就業」と同様である．しかし，農家世帯の女性は 50 代から「家事・育児・その他が主」がまた急速に増えている．もちろん，自らの体力の衰えによって農作業から引退する例もあろうし，孫の育児を担う場合も少なくないであろう．しかし，表 2-1，2-2 と考え併せると家庭内介護の発生，その被介護者の重症化によって，他の仕事を辞める（減らす）ことを余儀なくされている例が相当数にのぼるはずである．表 2-3 は，また調査対象年の前年にどのような就業状態にあったのかも示しているが，重視すべき点は，前年度は農業に主に携わっていたのに，当年度は「家事・育児・その他が主」となった数が多いことである．特に介護が問題になりそうな 40 代～60 代前半にかけて，北海道だけで 1 年間に 2,000 人近くの女性が農作業をやめたか大幅に減らしたという事実である．これは，労働力問題としての営農問題に他ならない．さらに重要なのは，介護が家庭内における

女性の役割として固着されるなか,この問題が後継者「結婚問題」の深刻化につながり,これが後継者の定着を妨げかねない点である.ゆえに,このことは世代再生産を困難にするという意味で,極めて深刻な労働力問題であり,同時に過疎問題等の社会問題である.

一般的に,高齢者介護サービスの絶対量は不足しており,農村部での不足も明らかである.ただし,都市と農村を比較した場合,施設・在宅総体の高齢者介護・福祉サービスが農村部で相対的に少ないかというと,必ずしもそうではない.栗田［2000］は,この認識が正しくないことを指摘している.すなわち「高齢化率が全国平均で7％の大台を超えた1970年以降,社会福祉制度改革が具体的な形をとって展開されるまでの十数年間は,『農家の老人にとって必要な……療養のための老人ホーム,端的にいえば老人病院』,それも就労・所得機会のない大多数の老人にとって必要な『無料老人病院』としての特別養護老人ホームの建設が中山間地域等を中心に進む一方,老人一般の生きがい対策として開発されたゲートボールが『元気な高齢者』の心を捉えていく.が,過密化した大都市・周辺地域における高齢者の介護・福祉は,貧困化した老人に対する生活保護を基底に,居宅での生活を維持することが困難な者を"養老院"に収容する等といった『救貧対策』の域を出るものではなかった.『老人医療無料化』がいわゆる『福祉元年』の目玉として位置づけられる一方,(中略)特別養護老人ホーム等の開設に至っては『日本列島改造計画』の煽りも受けて遅々として進まず,都市と農村の『逆』格差の形成と拡大につながっていった」ということである.栗田［2000］は近年の統計分析によっても特別養護老人ホームの高齢者人口あたりの入所定員数が都市で最も少なく,平地農業地域―中山間農業地域の順で多いことを実証している[24]．

ただし,デイサービスやホームヘルプ事業は,都市―農村の差よりも地方自治体ごとの格差が大きく何ともいえない上,「社会福祉基礎構造改革」下の新政策では,都市部に重点を置いた在宅サービスが強化されつつある.「中山間地の厳しい自然環境と社会資本の整備不足によるアクセス難」「(中

山間地での一筆者）高齢者介護・福祉サービスの展開と密接不可分の関係にある医療基盤とサービス供給体制の著しい脆弱性もまた，中山間地域における新介護システムの構築を阻害する大きな要因」[25]であり，今後の展開については農村部の動向が，より危惧される状況である．

しかし，現時点では農村部での問題は高齢者介護サービスの絶対的不足ではなく（もちろん，地域によっては絶対的に不足しているが），その需要の潜在化である．相川［2000］，栗田［2000］，杉岡［1990］のいずれもが，農村における介護サービス需要の潜在化・相互牽制等について言及している．

例えば，相川［2000：103-120 ページ］は農村における「介護サービス利用の潜在化傾向」を長野県佐久地方におけるアンケート調査によって，複数の手段で実証しようとしている．その結論の一部は次のように表現されている．すなわち，「介護者サービス利用の潜在化は，アンケート調査等でよく設問される高齢者の日常動作の自立度を尺度にしても測定できる．なぜなら，両者の間には，自立度の低下した者ほど介護サービスを良く利用するという逆相関関係が生理上の傾向法則として成立するからである．この尺度により，介護サービス利用の潜在化度合いを検討した．その結果，ホームヘルプサービスの現利用者の健康状態は，農家の方が非農家に比べ，悪い．つまり，悪い分だけ，農家の方が介護サービスの利用を抑える傾向のあることになる」ということである．その理由を相川は「介護サービス利用へのアレルギー」と表現している[26]．

さて，「農家の方が介護サービスの利用を抑える傾向のあること」を栗田［2000］は，以下のように理由づけている．「中山間地はいわゆる『高齢者の世紀』をまさに 20 年前後も先取りしてきたにも拘わらず，介護・福祉サービスに対する需要，それも潜在的『ニーズ』そのものが多分に希薄で容易に社会化しなかった．（中略）1985 年の第 17 回全国農協大会で『はじめて独居・寝たきり老人などの援助対策』が提起されるまで『農業と農家がもつすぐれて伝統的な日本的家族制度の扶養機能のなかで，高齢者にかかわる生活問題はほとんど外部化することはなかった』のである．」[27]

第2章　農協における高齢者福祉事業の創造過程

　また，杉岡［1990］は「過疎地域において介護問題が深刻化しやすいのは，可視性の高い社会関係の中で相互牽制効果が機能しやすく，要介護状態が発生した場合，『○○さんのとこは大変だ．△△さんのところは大したほどではない』といったインフォーマルなレベルでの要介護認定（ラベリングというべきであるが）がなされやすく，その近隣からのプレッシャーによりサービスの利用抑制機能が働きやすい．結果として，利用者サイドの権利意識が抑制されやすいのである．それゆえ，過疎地域において専業農家が多く，直系家族の多い場合，一段と介護問題の解決を困難にする構造が存在するといえる」[28]と結論づけている．

　こうした需要の潜在化傾向を踏まえると，都市・市街地と同様の高齢者福祉システムでは農村部の高齢者問題は十分に解消されえない．この問題に対し，栗田［2000］は「農村型」システムを次のように提案する（図2-2）．「地域密着型の在宅サービスの提供を担う小規模"複合型活動拠点"の分散配置，（中略）ミニデイサービスセンターないしヘルパーステーション（ミニ訪問看護ステーションをも兼ね得る）を地域内の必要とされるエリア（例えば小学校区）毎にできるだけ多く配置する．（中略）地域社会の活力が低

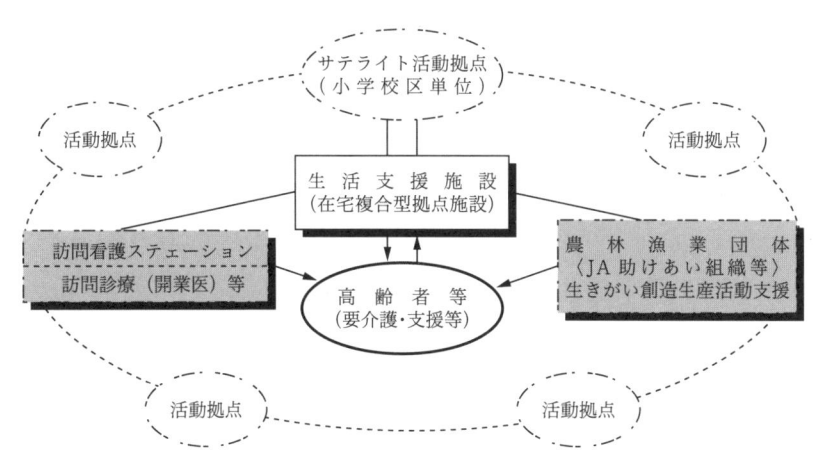

資料：栗田［2000］121ページより引用．

図2-2　「農村型」システムの模式図

下する中で残念ながら『遊休化し，あるいは遊休化しつつある地域資源』，例えば小中学校の空き教室や保育園，あるいは集会所や地区公民館等々，利用可能な既設の諸施設を意識的に利・活用することによって賄える場合もすくなくない」として，地域に密着した，より利用しやすい高齢者福祉システムが構想されている．また，以上のイメージは，農協が高齢者福祉事業に取り組む際のモデルとなりうるし，第4章で述べる事例（栃木県はが野農協の実践）に極めて近いあり方である．

　なお，図2-2は，栗田［2000］の提案する「農村型」システムの模式図である．なお，この図の中では農協は助け合い組織を通じて，（おそらくは「元気老人」の）生きがい創造・生産活動支援のみを担当することになっているが，栗田が本文中で注意を促しているように，これは画一的なイメージとして描かれたのではなく，柔軟にとらえるべきであろう．

　以上のような「農村型」福祉システムの担い手として，農協はどのような活動・事業を行うべきであろうか．需要の潜在化傾向が問題であるのだから，農村における介護サービス需要を顕在化させる役割があるはずである．前述の福祉ミックス論に依拠するならば，すでに顕在化している需要には，(i)公共型，(ii)自発型，(iii)市場型のいずれの主体でも対応できる．だが，未だ潜在的である需要，しかも行政による福祉サービスに対するスティグマ（恥意識）を有しているような場合には，(ii)自発型のサービス供給主体が対応するしかない．そのようなクライアントは，市場における介護サービス売買や，住民としての権利意識に裏打ちされた行政へのサービス要求といった考え方・行動様式に，馴染みがたいからである．そして，農村部において自発型のサービス供給主体になりうる最有力候補が，農協であり，農協が自発型の介護サービスを提供することが，農村型福祉システムの形成にとって大きなプラスになるはずである．

第2節　高齢者福祉事業の歴史的背景

1. 農協厚生事業の発展とプロフェッショナル化

　高齢者福祉事業を考えるには，広義の農協福祉活動の歴史を踏まえる必要がある．農協の病院建設・集団検診の運動は，古くは戦前に遡る．産業組合の勢力拡大に反発する「反産運動」の一環として医師会の抵抗を受けながらも医療事業は徐々に進展して行った．

　例えば海野［1980］は，1930-40年代，秋田県・岐阜県（飛騨地方）における産業組合法に基づく医療組合運動を当事者の立場から活写したものである．同著の解説（押切順三氏）によれば，医療組合運動の概要は次の通りであった．「医療利用組合は，村の産業組合が必要に迫られて経営したもので，医師1人，看護婦1人というように極めて小規模で，薬価も医師会規定に準じたものという程度であった．（中略）こうした状態を根底において，都市中心医療組合勃興の時代に入るのは，昭和恐慌を機に全国的に急速にひろまる『医療組合運動』からであった．その特色は『近代的組合病院』を『広区域医療単営産業組合』によって持とうとする活動であった．従ってそれは広範な大衆の結合を必要とし，生活防衛を掲げて，かなり『意識的な医療社会化』の運動であった．組合員大衆の力を結集して，まず中心地に自分たちの『近代病院』を建て『抱え医』をおき，次第に周辺に『診療所網』をひろげようという」[29]大運動であった．海野氏の回想に寄れば，「組合病院」院長であった海野氏は，地域（飛騨地方）における「医療保健網」を構想，近代的な中央総合病院から「分院，診療所，出張診療所，巡回診療所，保健看護婦常駐所，保健看護婦出張所といったきめ細かな医療機関を順次設置させていく．各々の部落には，部落保健衛生指導員を配置する．クモの巣のようにはりめぐらされたこれら医療機関網をすべて中央総合病院のもとへと終結させるように連絡させ，辺地の末端においても中央総合病院の機能が到達する

ようにする」[30] という一大プランを描いていた．「ネットワーク」という概念すらなかった時代に，すでに医療保健ネットワークの構築を目指し，着々と歩を進めていたことは驚嘆に値する．

ただし，海野氏の構想は道半ばで終わることになる．病院の経営困難を危惧し，また1938年に創設された国民健康保険制度への適合を目指す農林省の方針によって，医療保健事業は連合会組織によることを原則に，改組が進められたのである．当時，産業組合陣営はすべての町村に四種事業兼営産業組合を整備することに力を注いでおり，これらの産業組合が会員となる連合組織が病院・診療所経営を担う原則となった．医療組合の連合会改組が進んだ1940年には「広区域医療利用組合数33，医療事業を行う産業組合数72，医療利用連合会数48で，それらの組織が経営する病院89，診療所137」と，事業の量的拡大が進んで行った．ただし，「東北の北3県，関東，信越，東海，近畿の一部でよく普及していたが，他は低調であり，まったく進展のない府県も存在していた」[31] というように地域的偏在もあったという．

以上の経験は，農民や志ある医療専門職のボランタリズムの発露として，医療保健ネットワークが，戦前段階ですでに創られていたことを示す．しかし，同時に医療機関としてのプロフェッショナリズムの追求が，直接当事者の意思と距離を持つ連合会病院へと，組織再編を進めた事実をも照らし出すものである．

このような戦前・戦中の歴史を引き継ぎ，戦後，厚生農業協同組合連合会（厚生連）病院や診療所が多数できた．ここを拠点とした診療（往診を含む）や集団検診は，医療サービスから見放されていた農村の「福祉」を文字どおり，向上させるものであった．とりわけ，長野県厚生連・佐久総合病院は，わが国の農村医療水準を飛躍的に向上させ，厚生連病院事業の拡大・発展にとっても特筆すべき成果をあげてきた．若月［1971］，南木［1994］は，その苦闘の過程を若月俊一元院長の理念とともに，よく伝えている．佐久総合病院が高く評価されるのは，1945年から開始された出張診療活動，戦後初の（食糧管理法に違反しながらの）患者給食，1959年からの八千穂村全村

健康管理（健康台帳・健康手帳制度），1973年に開設された健康管理センターを拠点とした県下一円の集団健康スクリーニングといった，先進的な医療保健活動による．また，若月氏のリーダーシップによって，農村医学の研究・教育拠点をこの地域に建設していった意味も大きい．南木［1994］は「長野県は全国でも1，2位の長寿県になったが，これは県民の健康に対する意識の高さが一因であると分析されている．若月は自ら語ることはないが，私はこの健康意識の向上に健康スクリーニング活動の与えた影響は少なからぬものがあると考えている．医療を民衆のものにするべく住民の中に入って行った若月の努力の成果が数字となって現れているような気がしてならないのである」[32] と，述べている．

　佐久総合病院の功績として，もう1つ注目すべきは，行政との連携，行政からの支援を日常化したことである．1949年に佐久病院（総合病院となる以前）は，病棟の1つを焼失した．その復興過程で（それまで病院に好意的ではなかった）南佐久郡町村会の寄付があったというのが，行政からの支援の端緒であったという．このことについて，若月は「これは佐久病院だけの問題ではない．日本に百何十ある厚生連病院全体の行き方にも，農協組織と市町村との資金の結びつきという点で，大きな影響があった．農協病院というけれども，農協組合員だけを診るのではなく，農村住民全体を診るのである．したがって，農協病院は当然市町村自治体の援助をうけていいわけだ．従来の壁をこの私どもの仕事が突破したのである」[33] と振り返っている．その後も，若月氏らは，行政・社会保障制度に絶えず働きかけ，病院・農村医療に対する公的援助を拡大してきたのである．これは，病院の機能が単なる共益ではなく，公益であるということを主張してきたということでもある．もちろん，農協法において病院事業は他の事業と異なり，員外利用者の割合を100/100まで許容する．ゆえに，公益性を主張しやすいという背景があってのことである．しかし，他の農協事業においても，事業の公益性を追求・主張する努力を払ってきたか否かを振り返るとき，若月氏らの行動・主張から考えるべき点は多いのではなかろうか．

さらに，先に触れた八千穂村全村健康管理は，単なる経済的支援を超えて，佐久病院と八千穂村行政が検診を持続的な保健指導事業に発展させようと取り組んだものである．これは，家畜には存在する「家畜台帳」を人間に「応用」し，健康台帳として健康・生活環境データを蓄積し，その分析を行い，データに基づいた健康指導を行う仕組みである．病院と村の「保健委員会」が組織的中心となり，部落（集落）から選出された「衛生指導員」が末端の機能を担うという「クモの巣型組織」が形成されたのであった．この事業を今日的に表現すれば，非営利組織と行政の協働（コラボレーション）ということになろう．すなわち，佐久病院という非営利組織が八千穂村という行政と対等の関係で，全村健康管理という事業を行ったと評価される．ただし，費用構成から見ると，行政の負担に比べて病院の負担が過大であり，病院の他事業部門からの損失補てんによる部分が大きいことは，通常の協働活動とは言いがたい点ではある．

さて，ボランタリズムの観点から見ると，佐久（総合）病院の事業は，若月医師と彼に共鳴する医療専門職のボランタリズムとして始まり，発展してきたことに疑いはない．例えば，出張診療の開始は，次のようないきさつによる．すなわち，「手遅れ」の患者に日常的に接する若月氏は，「（治療よりも）病気を早期に発見することの方がより重要ではないか．これこそ農民のニードといわねばならない」と認識し，「私ども（若月医師たち―筆者注）の顔がひろくなり，しだいに町や部落の青年団や婦人会と連絡がとれるにしたがって，その要請に応じて出張診療を始めることになったのである」．ただし，出張診療は「病院の正式の業務としては認められなかったので，私どもは，日曜とか休日，要するに自分の時間を利用していかざるをえなかった．住民側の要望により薬を盛ったり，あるいは大小便の検査もやるというふうに手をひろげるようになったが，それは実費を病院の収入に入れるというかたちでやった．しばしば山の中のおじいちゃんやおばあちゃんに，250ミリをこすような高血圧，からだじゅうがむくんでいる心臓病，そしておなか全体にゴリゴリとしこりにふれるような胃ガンを見出した．発見したこちらの

背すじがふるえる思いであった」[34].

　しかし，これらの活動が事業として定着し，労働の報酬として賃金を受け取るという意識の強いスタッフに担われた場合，労働強化・時間外賃金の未払いが問題にされる．院内にそのような批判勢力があったことは，若月［1971］・南木［1994］でも，明らかにしている．こうした批判に対して，若月は次のように率直な見解を述べている．「八千穂村の全村健康管理の方式では，農民の健康意識を高めることが基本だという考えがもとになっているから，単なる検査・健診の技術だけでなく，宣伝啓蒙，あるいは村人との話し合いに，もっとも力を注ぐことになる．診療が終わってから，夜おそくまで，部落公民館のろばたを囲んで，焼酎を汲みかわしながら話し合いに時間をつぶすことも，決してまれではない．（中略）もしそのような農民との共感の時間の延長に対して，従業員組合が時間外手当だけを要求するというような心持ちになれば，この仕事はきっとやっていけなくなるだろう．（中略）今のところは，このような矛盾を病院のチャリティ（恩恵）みたいなものでカバーしている．しかしそこに，問題があることは否めない．」[35]

　氏の論考は国民健康保険制度の不十分性（予防給付の軽視）へとつながって行くのであり，確かにその指摘は間違いではない．だが，もし，職員への手当てが十分に支給され，「労働強化」も軽減されたとして，問題がなくなるかといえばそうではないであろう．

　芥川賞作家であるとともに佐久総合病院の医師として務めを果たし，つぶさに状況を観察してきた南木氏は，1990年代に入ってから，次のような問題指摘を行っている．「医者の方が村に入って行くという発想は佐久病院ではあたりまえのように実行に移されている．ただ，これは私たちが計画立案したシステムなので，自分たちで実施する分にはそれなりのやりがいも感じることができるのだが，このシステムを受け継ぐ医師たちにとっては単に面倒なだけのルーチンワークになってしまうのかも知れない．先駆的な仕事というものは，やり始めた人たちにとっては面白いのだが，引き継ぐ者たちにとっては退屈な日常業務の1つになってしまう．これは先駆的な地域医療を

実践してきた佐久病院の抱える宿命である.」[36]「昔を懐かしむつもりはないが,私の入った頃の佐久病院は今よりもずっと小回りのきく病院だった.医師たちも全員が顔や名や性格までもよく知り合っていたから,各科の連携がよくとれており,問題のある症例をどの科の誰が診るべきかというようなことがすぐに決まった.しかし,医師数が130名を越えた現在では(執筆当時—筆者注),以前のようにスムーズに事が運ばなくなっている.各パートが専門分科した結果,内科の中でさえパートごとの自己主張が強まり,連携もとりにくくなってしまった.」[37]

誤解のないように強調しておきたいが,筆者は佐久総合病院の医療保健事業を高く評価するものであり,既存の医療界によく対抗し,また経営的安定を志向しがちな農協系統の中で,リスクの高い事業をよく拡大してきたことに敬意を払いたい.現在の佐久総合病院は本院だけでベッド数821床,分院1,診療所1,老人保健施設2,職員数1,481人,うち常勤医師158人(2002年6月1日現在)という巨大病院に成長した.この他に別組織として在宅介護支援センター3,別法人(社会福祉法人ジェーエー長野会)の特別養護老人ホーム,看護学校,研究・研修施設などを擁する医療保健福祉コンプレックス(複合体)でもある[38].

しかしながら,以上のようなプロフェッショナリズムの追求が,ボランタリズムとともにあったのか,また,それぞれの事業初期にあったボランタリズムが,医療専門職を超えて,どこまで農民・患者側にまで浸透していたのかというと,疑問なしとはしない.ただし,その評価は,佐久総合病院の発展してきた地域的・時代的背景への考慮を払わなければ,フェアなものとはいえないであろう.さらに,佐久総合病院グループや長野県の他の厚生病院・単位農協の活動として,高齢者福祉事業が生まれ,ボランタリズムを基礎とした発展を見せていることは後述の通りである.

2. 女性組織の発展と限界

　農協高齢者福祉事業の直接のきっかけとなったのは，ホームヘルパーの資格養成と，有資格者を中心にした高齢者助け合い組織の結成である（いずれも後述）．

　農協系統の高齢者介護問題への取り組みが，女性組織の圧倒的支持によって進んだことは，すでに述べたとおりである．そこで，女性組織（女性部・女性会等）とその活動の歴史をここで確認する必要があろう．女性組織は単位農協の外郭団体として存在し，都道府県毎と全国レベルにJA女性協議会を結成している．これらの共通の綱領であるJA女性組織綱領にうたっているのは，「一，わたしたちは，力を合わせて，女性の権利を守り，社会的・経済的地位の向上を図ります．一，わたしたちは，女性の声をJA運動に反映するために，参加・参画を進め，JA運動を実践します．一，わたしたちは，女性の協同活動によって，ゆとりとふれあい・たすけあいのある，住みよい地域社会づくりを行います」という3点である．綱領は，女性の権利を守り，社会的・経済的地位の向上を図るのみでなく，農協運営への参加と参画を進め，地域社会づくりへの貢献を強調している．

　現在の加盟組織数と部員数は，2000年4月現在で1,401組織，137万3,875名，また，年齢階層別に組織化（若年層を対象としたフレッシュミズと，高齢者を組織するエルダーを併置）して，3部制をとることが推奨されており，その数までカウントすると組織数はさらに多くなる．しかし，女性部組織の直面している最大の問題は部員数が年々減少し，ここ10年余りで半減していることである．その要因は，農家数の減少にもあるが，いわゆる組織離れによるものが大きい．特に若年層は，（具体的な単一目的ではなく）広汎な目的を持つ組織，役割分担を強制されがちな組織を敬遠する傾向がつよい．活動範囲の明確な組織であれば参加するが，女性部のような包括的な組織にはあまり馴染まないようである．この傾向が，農協正組合員戸数の減

少率以上に女性部員を減少させていると推測される．同じ農協外郭団体である青年部と比較しても，女性部の方が，より困難な組織問題を抱えていると言わざるを得ない．すなわち，青年部は部員数の大幅な減少に直面しながらも，壮年以降に地域農業・農協の中心的な担い手になるには，青年部役員を務め上げることが，暗黙の前提のようになっており，組織が堅持されている．それに対し，女性組織は組織目的があいまいなために，かえって組織が弛緩しがちである．このような状況は，「女性組織（代表）という迂回路を設けることで女性の参画を進めよう」という農協系統の方策と整合しないという問題をもたらす．

女性組織の事務局を担う職員は，多くの場合「生活指導員」である．生活指導員は，女性（女性でなくては不可ということではないが，ほとんどが女性）正職員の専門職として大きな意味を持つ存在である．農林水産省の「農業協同組合一斉調査」において，生活指導員は「主として農家の衣食住の改善，家政等の指導業務に従事する職員」と規定されており，県によっては中央会による生活指導員資格の取得を義務づけている．生活指導員は，農協女性組織の事務局機能の延長として女性部高齢者助け合い組織（後述）の事務局をも担当し，高齢者福祉事業が開始されると，その担当者となることが一般的である．1999年度の生活指導員数は全国で2,871名であり，1農協当たり1.8名に当たる[39]．この数字は，営農指導員の1/6強であり，女性職員に占める比率も2.8%と決して高くはない．しかし，平均的な農協の多くに生活指導員が配置されているわけであり[40]，その意味は大きい．また，生活指導員は一般の女性職員より長期間勤続し，専門職としての職能開発を進めることが可能でもある．農協に限らず，わが国の企業等においては女性職員の能力を十分に開発・活用できていない．その中で，長期間の勤務が珍しくなく，また，専門性を認められる生活指導員の意味は大きいといえる．

しかし，生活指導員が女性組織を管轄し，「主として農家の衣食住の改善，家政等の指導業務」に携わり，これが女性職員および女性組合員（家族）が農協に関わる「最も正統なルート」になることは，農協における女性の参画

にとってプラスでもあり，マイナスでもある．

　プラス面は，組合員家族の中の性別役割分業を素直に反映し，生活指導員にとっても女性組合員（家族）にとっても，活動に参加しやすいテーマ，切実なテーマを設定することができたことである．かつて，1950-60年代においては，生活問題とは貧困問題にほぼ等しく，問題の直観的な理解が可能であった．特に，都市一農村間の栄養水準や生活費・進学率等の格差，電話・水道・道路などの生活インフラストラクチャー整備水準の差は，貧しさの象徴であり，その克服こそが課題であった．ゆえに，生活指導業務として，動物性たんぱく質や脂肪を摂取できるような料理講習会を開催したり，主体的な生活設計をめざした貯蓄運動を進め，また娯楽を作り出して女性を家事労働や農作業から解放する時と場を設けたりすることは，極めて重要な活動であった．

　また，1970年代までは，男女役割分業のあり方と女性組織の活動が「幸福な結婚」を遂げた時期であったといえよう．わが国における一般世帯の専業主婦率はこの間，上昇を続け，70年代末にそのピークを迎えた．現在と違って，専業主婦とは女性を長年強いられてきた家内労働の苦役から解放する輝かしい地位であり，家庭電化製品の普及とともにバラ色の専業主婦生活がイメージされていた[41]．第1次産業においても「女性の専業主婦化」が理想として語られていた[42]．実際には第1次産業における「専業主婦」は，ほとんど実現しえず，例えば農業では機械化が進む現場で機械オペレーター（＝男性）の補助員として，女性が単純作業を担うといった分担が一般的であった．しかし，女性のあり方としては有能な働き手であるより優秀な主婦であることに重点がおかれ，農協女性組織は，料理教室や貯蓄運動，健康管理活動などに熱心に取り組んでいた．

　生活指導員にとっても参加女性にとっても，上記の取り組みは手ごたえの十分ある活動であったはずである．しかし，今日のように，都市との生活水準格差が見えにくくなり（実は医療機関・在宅介護サービスの密度などの格差はあるが），何が生活問題であるかが自明でない時代には，生活指導員が

何を指導すべきかが分かりにくく，女性組織メンバーも積極的に参加する意欲を持ちにくくなってこよう．実は，こうした問題点は次に述べるマイナス面につながっている．

　生活指導・女性組織の活動が女性の農協への関わりの「最も正統なルート」となることの限界は，次の通りである．天野［2001］は，農業改良普及政策における生活改善指導が，労働力の再生産の範囲＝生活の範囲に閉じ込められ，営農部門との有機的関連づけができず，もっぱら農家婦人のみを普及対象にしてきたことを問題にしている．これは，生活という概念の捉え方自体に次のような偏りがあることが根源的問題であると，天野は指摘する．「農業に関しては『生活』は生産部分から切り離して再生産部分に限定してとらえられてきた．生活改善普及事業においても例外ではなく，再生産部分は生産の手段として位置づけられてきたからこそ，農林水産省という組織の中において『生活改善課（現婦人・生活課 —天野氏執筆当時，筆者）』[43]の存在自体が，マイナーな位置にあったということもできる．生産・再生産を統一した生活経営学的視点においてとらえ直すことは，生活の再生産部分を多く担ってきた女性の位置づけに変化を与えることである」[44]というのが，その指摘である．農協生活指導と女性組織の活動も以上の生活改善指導と同質の特徴を持っていたと思われる．すなわち，熱心にやればやるほど，女性の活躍の場を矮小化し，農協全体に対する女性の参画から，逆に女性が遠ざかる危険性があるということである．

　もちろん，生活を生産・再生産を統一した総合的概念として把握し，「生産のための生活，生産に従属した生活」という価値観を逆転させうるのならば，農協生活指導や生活改善普及事業の枠内においても，女性の参画を進めるような活動は可能であった．例えば，単協で初めてデイサービスセンターを実現した栃木県(旧)Y農協の生活指導員および女性組織は，かつて農協営季節保育所を設置，次代を担う子供たちを健全に育成するとともに，農繁期の女性の負担を軽減することに成功している．また，輸入農産物の陸揚げの様子を横浜埠頭まで見学に赴き，輸入農産物の安全性問題と国産農産物の

生産を守ることの意義を社会問題として理解するといった取り組みも注目される[45]。一般的にも、生活を楽しむための自家生産物加工の運動（単なる生活費節約のための加工ではなく）や自家農産物や加工品を直売所（ファーマーズ・マーケット）を経営して売る試みは、女性の地域社会・地域経済への参画につながるものとして、高く評価されている[46]。しかし、一般的な農協生活活動・女性組織の活動は、必ずしも農協における女性参画を進めるものではなかった。

今日、組合員家族における性別役割分業のあり方は大きく揺れ動いている。農業における女性は重要な作業の担い手、場合によっては実質的な経営者としての役割を担っている。このような役割分担と「主婦であること」を重視した伝統的な（女性）組織活動が齟齬を来すことは、むしろ当然のことである。農協女性組織が部員減や活動の停滞に陥っていること自体が問題なのではなく、むしろ、必要なのは組織活動のあり方の見直しであろう。そして、その見直しの最有力候補として、高齢者福祉活動・事業への取り組みが位置づけられてきたわけである。現行の女性組織5カ年計画「JA女性組織'21」（目標年次＝平成13年）でも5つの重点目標のひとつを「高齢者」問題としている。

実は、第3、4章で取り上げる事例はいずれも女性参画の成功例でもある。第3章の事例は女性部部長兼高齢者助け合い組織会長を、地区選出の新理事として誕生させており、第4章の事例は生活福祉部門が部に昇格するとともに、（生活指導ではなく）管理畑を歩んできた女性幹部職員を部長に登用している。また、いずれにおいても「道の駅」における女性たちの農産物直売が成果をあげてもいる。このような女性参画が農協高齢者福祉部門のボランタリズムに、直接、間接に影響を与えたのだといえよう。

第3節　高齢者福祉事業の到達点と課題

1. ホームヘルパー資格養成と高齢者助け合い組織

　1991年に農協系統として開始された養成講座は，表2-4のような実績をあげ，2000年までにのべ95,000人余の有資格者を生んでいる．1994年度全国農協大会での2万人という養成目標（後述）を，翌1995年には軽く超過達成し，その後も年間1万人内外のヘルパーが養成され続けている．また，1993年まではヘルパー資格取得の9割以上が家庭内介護を想定した3級であったが，その後，2級取得者が急激に伸び（2000年度の養成数では，ついに2級が3級を上回った），1995年からは少数ながらも1級も養成されている．2級は3級と異なって，あるレベルまでの身体介護を前提としており，1級は主任ヘルパーとしてチームケアのリーダーになることを想定した資格である[47]．

　これらの受講者は初期においては女性組織の会員のみという原則であったが，講座への参加要件を（各中央会によって異なるが）徐々に緩めてゆき，組合員家族でも可，非農家でも受講可能等となってきている．また，先に述

表2-4　JAホームヘルパーの新規養成人数（全国）

年　度	1992	1993	1994	1995	1996	1997	1998	1999	2000	合　計
1級課程	0	0	0	19	14	43	106	294	221	697
2級課程	321	636	1,389	3,259	3,204	3,369	5,497	7,060	7,749	32,484
3級課程	4,790	5,319	6,244	8,497	7,520	6,340	8,078	9,254	6,199	62,241
合　計	5,111	5,955	7,633	11,775	10,738	9,752	13,681	16,608	14,169	95,422

資料：日本農業年鑑刊行会『日本農業年鑑』1998，2001，全国農協中央会資料より作成．
注：1）　2000年度は見込み数．
　　2）　1996年度までの数値（『日本農業年鑑』1998）と97年度以降の数値（『日本農業年鑑』2001）は必ずしも整合しない．
　　3）　これは，のべ人数であり，重複取得者を除く実人数は，2000年で，1級697名，2級32,101名，3級61,305名である．
　　4）　2001年度までの，のべ人数は1級907名，2級37,222名，3級63,185名となっているが，2000年度までの数値とは整合しない（全中ウェブサイトより）．

べた生活指導員は，初期のうちに資格を取得している場合が多く，これはボランティア活動を開始し，事業化を進める時期になると，重要な意味を持ってくる（後述）．なお，他の部署の職員も資格を取る例が珍しくなく，少数ながら男性職員も含まれている．

　さて，女性組織メンバーを中心とした資格取得者は，主として家庭内介護に役立つ技能・知識の獲得を目指していたと推測される．彼女たちの多くは，余裕があればボランティア活動をし，さらに条件が整えば就職の可能性もありうると，考えていたと思われる．ちなみに，第3章で取り上げる北海道当麻農協の高齢者助け合い組織のメンバーにおいても，アンケート調査回答者の過半が，自分の家族のために受講したと回答し，ボランティア活動のためという回答は少数，就職のためという回答はごくわずかであった（アンケート調査については第3章参照）．こうした志向は，都市等における一般的なホームヘルパー養成講座の受講者が就職，少なくとも有償ボランティア等の社会的活動を目指すことが普通であることと対照的である．これは，一般的な養成講座では数万円以上（2級講座で7～8万円）の受講料を全額，自ら負担して受講していることと対応している．これに対し，農協系統では都道府県中央会ごとに格安の受講料を設定しており，受講者の自己負担額はかなり低くなっている．例えば農協学校などの系統施設を使用する場合には会場費が不要であり，系統内部の講師には謝礼が不要もしくは少なくてよい，実技研修や実地研修（同行訪問）でも厚生連等の施設やスタッフを活用することが容易である等，様々な「農協系統内資源」を活用できるからである．さらに，農協系統であることで，行政や社会福祉協議会等への依頼もスムーズに運ぶことが多く，その意味でも低コストの養成講座が可能である．加えて，単協によっては，個人負担講習費やスクーリングの旅費まで支給される場合もある．ゆえに，受講者にとっての資格への投資コストは非常に低く，必ずしも「投資を回収するような行動＝ホームヘルパーとしての社会的活動」にまでは，踏み出さない．また，強い主婦規範の下で活動する場合，家事や農作業の優先順位が高く，ボランティア活動や高齢者福祉事業に踏み出すこと

表 2-5　JA 助け合い組織設置数

年　度	1992	1993	1994	1995	1996	1997	1998	1999	2000
設置数	10	36	111	247	348	382	622	747	954

資料：日本農業年鑑刊行会『日本農業年鑑』1998, 2001, 全国農協中央会資料より作成.
注：1999 年は 11 月末データ.

の制限が大きい.

　ゆえに, ヘルパーの「住民参加型ボランティア組織」としての「高齢者助け合い組織」は, 目標（1994 年度全国農協大会での目標：1,000 の助け合い組織）ほどの伸びには至っておらず, 2000 年度の組織数は 954 にとどまっている（表 2-5）. 介護保険実施以前に一般的に問題になっていたのは, 有資格者の不足ではなく, せっかくの人材をどう活用するかであった. こうした状況を栗田［2000］は,「新ゴールドプランで設定した整備計画最終年度まで未だ 3 年も残した 1996 年度末現在すでに 37.5 千人（新ゴールドプランが掲げたホームヘルパー整備目標 17 万人の実に 22％ 強）ものヘルパーを養成した JA の組織力をもってしても, 地方・農村部における民間の在宅介護サービス供給機関を設立することがいかに困難であるかを示唆しているといえよう」[48] と表現している. ただし, このことで養成が無意味であったという短絡的な結論を出す必要はない. 家庭内介護に限ってみても介護技術の習得・介護用品の知識や在宅福祉制度の系統的な理解など, 受講者のプラスになることは多いからである.

　とはいえ, 農協系統として財政的・人的支援をして養成したホームヘルパーであるから, 農協に関わる組織的な活動を進めるべきことは当然であろう. 各単協も高齢者助け合い組織に, 女性組織（女性部）への援助と同様に, 資金助成や事務局機能の負担等の支援を徐々に進めていった. 実は, 表 2-5 を詳しく見ると, 1997 年までは伸び悩んでいた組織化が, 1998 年以降に急増していることがわかる. ちょうど, ホームヘルパー 3 級養成が中心であった時期から, 2 級に重点が置かれるようになった時期への移行に符合するものである. これは, 高齢者介護が家庭内で必ず解決すべき問題なのではないと

表2-6 JA助け合い組織の現況（2000年度）

設置JA数	組織数	回答JA数	協力会員数		協力会員の保有資格				
			合計	うち男性	ヘルパー1級	ヘルパー2級	ヘルパー3級	看護婦	介護福祉士
591	954	447	43,280	609	508	15,534	15,145	175	197

資料：全国農協中央会資料より作成．
注：協力会員の資格は他にもあるが，少数のもの・内容不詳のものは割愛している．

いう認識が広まってきたゆえと推測される．また，社会福祉制度の整備における行政責任は確かにあるが，ボランティア活動や住民密着の介護サービスもまた重要であるという意識改革も進んできたためでもあろう．表2-6に示したように，助け合い組織の協力会員数は40,000人を超え（未回答農協を加えるとさらに多い），取得資格ではヘルパー2級と3級が拮抗している状況である．

また，実際の高齢者助け合い組織の設立・運営にとって重要であるのは，先に述べたように，ボランティア・コーディネーターの存在であるところから，農協系統としてもこのようなコーディネーターの重要性を意識し，1995年から養成を進め，2000年までに，のべ3,452人の研修を修了している．農協の高齢者助け合い組織では，生活指導員がこのコーディネーターを兼ねる場合が多い．熱心な担当者の下ではきめ細かい情報のやり取り，ボランティア需要に即応したメンバーへの連絡・調整等がうまく進み，活動が軌道に乗ることになる．以上の機能を果たすには，社会福祉に関するある程度の知識があり，ボランティアとして要求される活動の質・量を把握できる担当者であることが望ましい．こうした場面で，生活指導員自身のホームヘルパーとしての知識が生かされることになる．さらには，どうしてもボランティア需要にメンバーが応じ切れない場合には，生活指導員自身が「穴埋め」に入ることがあり，この場面でも生活指導員の資格が生きてくることになろう．

以上のように，農協系統のホームヘルパー養成は著しい成果をあげ，また，高齢者助け合い組織も，徐々に結成されていった．ただし，それと同時に「主婦規範の強いままでの活動」を量的に拡大するだけでは，逆に活動にブ

レーキをかけることにもなりかねない.

その背景には,現在の福祉問題は,かつての物質的貧困とは質を異にし,「豊かさとはなにか」[49]を学習することで初めて認識できる種類の問題であるということがある.また,介護問題の解決には介護の社会化が必要であること,女性が介護者である必然性はないこと等は,女性学・フェミニズムについての,ある程度の理解がないと発想できないことである.前述したように,これまでの女性組織の活動が物質的貧困の克服を方針とし,かつ性別役割分業を暗黙の前提とした家族経営・家族主義を堅持する基本方針をとってきたことは,福祉問題・介護問題の根源的把握に抵触する恐れがある.新ゴールドプランや介護保険法では高齢者の在宅介護メリットを強調する.もちろん,高齢者自身の生活の質から見るならば,在宅介護は望ましい選択である.しかし,介護担当者の立場でみると,これは嫁・娘に固着させられた介護役割を再生産しかねない危険性を持つ.介護保険制度形成の過程で,厚生省の審議会において,樋口恵子氏(評論家・東京家政大学教授)は,「介護保険での家族介護への保険給付反対」を表明していたが,氏が問題にしていたのは,この点である.ただし,介護サービスの絶対量が大幅に不足している段階で,家族給付を行わない選択をしたことは,必ずしも良い選択であったかというと,やや疑問である.

以上のような問題はあるが,農協の高齢者福祉活動・事業の進展は,性別役割分業を暗黙の前提とした家族経営・家族主義を変えてゆく可能性もまた持つ.高齢者福祉活動・事業は,恒常的なサービス供給を必然のものとし,これが物理的にも精神的にもメンバーの主婦規範とぶつかることになるからである.ただし,その変革の過程は現段階では一般化できるものではない.本書では,これを後半の事例分析を通じて明らかにしてゆきたい.

2. 農協の公的介護保険制度への参入

先に述べた農協法改正を受け,1993年には農協自身による「JA高齢者福

祉活動基本方針」が策定され，翌年の第20回全国農協大会での決議によって，高齢者福祉事業への参入が公式の目標となった．この決議では3段階に分けて福祉活動を推進することが決議された．「第1段階：全国で2万人のJAヘルパー養成．1,000の助け合い組織の設置．第2段階：公的ホームヘルパー派遣事業の受託，給食及び入浴サービス等について自治体等と協議し推進．第3段階：自治体・組合員との合意・協力のもと，特別養護老人ホーム等施設型社会福祉事業の推進」というのがそれである．

　基本方針の第2段階で初めて事業という語が用いられたが，これは「行政の事業」を受託するという意味での「事業」であって，農協自身の能動的な事業の推進がうたわれるのは，第3段階においてである．なお，この時点では，在宅福祉サービスという概念が良く普及していなかった時期であったため，ホームヘルプ以外のデイサービスやショートステイといったサービスの提供には言及されず，在宅福祉よりも一段高い段階に，特別養護老人ホームなどの施設入所型サービスが置かれている．この基本方針を受けて，全中をはじめとする農協系統は，トップから実務者・女性組織リーダー等様々な階層を対象に各種の研修会・セミナー等を開催し，「事業」の普及に努めることになった．

　実際に，農協（単協のレベル）において，高齢者福祉事業に取り組む事例が徐々に広がりを見せていた．すなわち「1996年12月時点におけるJAの介護事業の取り組み状況については，農協共済総合研究所（同［1998］─筆者）が整理・詳述している．それによれば，公的ホームヘルプサービスを受託している19 JA，JAが関与した特別養護老人ホーム16施設，ケアハウス3施設，デイサービス2施設，デイホーム2施設，老人保健施設11施設，在宅介護支援センター16施設，老人訪問看護ステーション34施設，配食サービスを行っている25 JA，等となっている．JA総数2,223（96年4月時点）からみれば，福祉施設やホームヘルプ事業に取り組むJAは多くはないが，もはや少数派ではなく，広がっていることも確かだろう」[50]という状況であった．とはいえ，この時点での高齢者福祉事業への取り組みは，厚生連

病院や厚生連関係の訪問看護ステーション・入所福祉施設などに関わるものが多く，単協が単独で始めたものは少数であることに注意が必要である．

むしろ，この時期には，助け合い組織のメンバーが行政・福祉公社・社会福祉協議会等の登録ホームヘルパーになることが多かった．ただし，両者の関係は，緊密な場合もあれば，疎遠なこともあり，様々である．もし，全体への参画が保障されないまま，労働力の提供のみが求められる場合，これはボランタリズムを実現しているとはいえないだろう．例えば，大友［2000］は福島県東和町および会津坂下町について，農協高齢者助け合い組織のメンバーが登録ヘルパーとして活動している事例を分析している．東和町では1994年より助け合い組織メンバーが社会福祉協議会の登録ヘルパーになっている．しかし，大友［1998］が指摘しているように，介護保険導入に合わせ，社会福祉協議会の体制強化が進む一方で，農協助け合い組織の活躍の場が縮小してしまう可能性がある．これに対し，会津坂下町においては，農協自身が町行政の福祉計画に参画し，福祉関係者の情報交換・意見交換の場である「福祉懇談会」の成員にもなっている．もともと，厚生連・農協の基本財産寄付によって1986年に社会福祉法人を設立し，特別養護老人ホームを設置しているという背景があるため，協力関係はスムーズであった．さらに，この社会福祉法人が，地域の中核的な複合的高齢者福祉事業体に発展し，町行政との関係はより緊密になっている．そうした中で，1994年から助け合い組織メンバーが町の登録ヘルパーとして活躍し，地域福祉への参画を進めている．なお，第4章で扱う栃木県はが野農協の事例においても，行政の登録ヘルパーとして助け合い組織メンバーが活動したことが，後の農協事業の発展につながっている（詳しくは後述）．

公的介護保険制度導入後，2000年に開催された第22回農協大会において，農協系統は，21世紀JAグループの取り組みとして，3本柱の1つに「『農』と『共生』の地域社会づくり」を掲げ，そのポイントとして「老後を安心しておくれるJAの総合的な高齢者対策の展開」をうたっている．この高齢者対策は，「元気な高齢者」向けの「健康・生きがいづくり」と「要介護高齢

第2章　農協における高齢者福祉事業の創造過程　　85

者」向けの「高齢者福祉活動・事業」の2つからなる．後者の特徴は，「ボランティアによる『助けあい活動』」と「プロとしての『JAによる福祉事業化』」を車の両輪として位置づけていることである．

　以上の考え方を示したのが，図2-3「JAらしい高齢者福祉事業の取り組

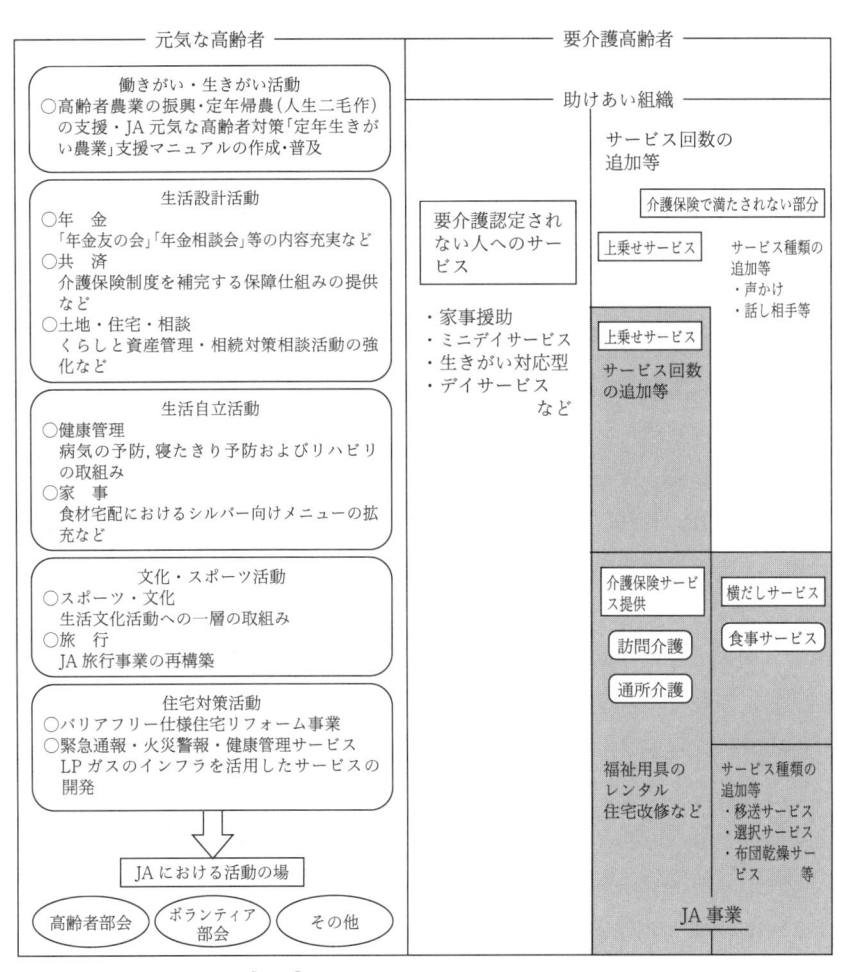

元気な高齢者	要介護高齢者	
働きがい・生きがい活動 ○高齢者農業の振興・定年帰農（人生二毛作）の支援・JA元気な高齢者対策「定年生きがい農業」支援マニュアルの作成・普及		助けあい組織 サービス回数の追加等
生活設計活動 ○年　金 「年金友の会」「年金相談会」等の内容充実など ○共　済 介護保険制度を補完する保障仕組みの提供など ○土地・住宅・相談 くらしと資産管理・相続対策相談活動の強化など	要介護認定されない人へのサービス ・家事援助 ・ミニデイサービス ・生きがい対応型 ・デイサービス 　　　　　など	介護保険で満たされない部分 上乗せサービス　サービス種類の追加等 ・声かけ ・話し相手等 上乗せサービス サービス回数の追加等
生活自立活動 ○健康管理 病気の予防，寝たきり予防およびリハビリの取組み ○家　事 食材宅配におけるシルバー向けメニューの拡充など		
文化・スポーツ活動 ○スポーツ・文化 生活文化活動への一層の取組み ○旅　行 JA旅行事業の再構築	介護保険サービス提供 訪問介護 通所介護	横だしサービス 食事サービス
住宅対策活動 ○バリアフリー仕様住宅リフォーム事業 ○緊急通報・火災警報・健康管理サービス LPガスのインフラを活用したサービスの開発	福祉用具のレンタル 住宅改修など	サービス種類の追加等 ・移送サービス ・選択サービス ・布団乾燥サービス等
↓ JAにおける活動の場 （高齢者部会）（ボランティア部会）（その他）		JA事業

資料：日本農業年鑑刊行会［2000］417ページ．

図2-3　JAらしい高齢者福祉事業の取り組み方向

み方向」である．図の左側は元気な高齢者の自主活動もしくは元気な高齢者を対象とした農協の活動である．右側が要介護高齢者を対象とした助け合い組織の活動であり，中心部分にJA事業が位置している．その基幹部分は介護保険サービス（特に，訪問介護＝ホームヘルプと通所介護＝デイサービス）であり，介護保険サービスの上乗せサービス（保険給付の支給限度以上のサービス）と横だしサービス（保険制度外の生活支援を中心としたサービス）にも対応するものである．この横だしサービス部分は，市町村の介護予防・生活支援サービスとして，介護保険とは別に国の補助事業にもなりうる．その場合には，措置制度と同様，市町村が農協に委託するという形式になり，農協系統として，受託拡大に力を注いでいる部分である．

　JA事業の周辺部分は，助け合い組織のボランティア活動としてカバーされる．1つは介護保険上乗せサービスのうち，さらに周辺的な部分，すなわち，声かけ・話し相手等のサービスであり，もう1つは要介護認定されない人を対象にした家事援助やミニデイサービス等である．この概念図においても，高齢者福祉活動か事業であるかの境界線は農協自身の内部にあるのではなく，介護保険の事業指定を受けているかどうかが大きいようである．

　さて，それでは「プロとしての『JAによる福祉事業化』」と「ボランティアによる『助けあい活動』」との関係は，どう捉えられているのであろうか．かつての第20回農協大会の決議では3つの発展段階として，助け合い活動の発展の先に高齢者福祉事業が捉えられていたが，22回大会決議では必ずしも両者の関係は明示的ではない．理論的には，図の周辺部分を担っていたボランティアを事業を担うプロへと育成し，ボランティア活動の発展として事業を確立することも可能であるし，外部から新規にプロを採用し，事業を助け合い組織と分離して確立することもできよう．

　ただし，例えば日本農業年鑑刊行会［2000］の当該分野の記述は，農協系統としての取り組みの実態と方針を示しているが，事業に関する記載が助け合い活動・ボランティアに関する部分より，はるかに多い．もちろん，これは介護保険制度の初年度であることも大きく影響していよう．だが，それだ

けではなく，ボランティア活動と明確に分離された高齢者福祉事業のあり方が，記述の焦点であるゆえとも見える．例えば，「運営管理を徹底して『質の高い』サービスを提供することが必要」[51]として，［品質管理］，［労務管理］，［経営管理］，［リスク管理］の4つの管理のあり方が項目ごとに詳述されている．特に，品質管理については，「JAにおける『品質管理』活動に対応した業務の標準化をすすめるため，会員制による『JA福祉事業標準化ネットワーク』構築を目指す」としている．また，経営管理については「介護保険に対応して事業者指定を受けて，JAの『事業』として取り組むということは，『事業』＝『経営』，すなわち，担当職員の人件費相当を含めて経営的な確立が図られてこそ，事業の継続も可能となることから，部門別採算の確保を旨とした経営マインドをもって事業化をすすめることが重要である．そこで，経営データの標準化，経営分析手法の確立について研究会を設置し，検討をすすめる」と述べている．以上より推測されることは，農協系統の公式見解としては，助け合い活動の経験を基礎にして事業を組み立てるというよりは，一般の大手業者のように，標準的なサービスを優秀なプロによってムラなく提供できる事業体制を目指しているといえよう．

そのような選択自体が誤りというわけではなく，筆者もそうした手法で成功する事例がありうるとは思う．しかし，本稿の主題であるボランタリズムとの関係で見ると，「運営管理の徹底」という発想とボランタリズムは相容れない考え方である．また，大手業者と同様のサービス提供のあり方は，福祉ミックス論における「住民参加の自発的部門」に属するものではなくなるであろう．筆者は，図2-3を肯定した上で，「プロとしての『JAによる福祉事業化』」と「ボランティアによる『助けあい活動』」が有機的につながり，「プロによる事業であって同時にボランタリズム（ボランティアではなく）に基づく事業」というあり方が，実現可能であると考えている．以下では，その事業のあり方を具体的に探りたい．

筆者は，ここで，「有償ボランティア活動がメンバーの組織運営・地域福祉への参画を実現し，その発展の先にボランタリズムを生かした事業が成り

立つ」という理想の道筋を措定したい．これは，「住民参加の自発的」福祉サービス主体として，農村地域での最有力候補である農協高齢者福祉事業に期待するゆえである．

　本城［1999c］は「高齢者介護サービスの分野は，公的な介護保険制度が整備され，その成長が期待できるところから，農協は，ビジネス・チャンスとしてこの分野への参入を図っている側面がある．しかし，高齢者介護サービスをビジネス・チャンスとしてだけとらえると，前記の高齢者介護サービス市場におけるNPO的な役割や農協の運動体としての側面が軽視され，民間企業と同じような単なる高齢者介護サービスを供給する事業体としての役割しか期待できないことになる」[52]と，批判しており，この点については，筆者も賛同したい．

　しかし，上記に続けて本城［1999c］が次のように述べたことは，必ずしも事実を反映していない．すなわち，「農協の高齢者介護サービスの分野への参入が，系統組織として中央からの戦略として企図された側面を持ち，住民側からの直接的な要請に基づき下から持ち上がった側面が必ずしも強くないだけに，事業成功の観点が先行してしまい，高齢者介護サービス事業を地域住民の具体的なニーズや要求に応え，地域住民とともに地域福祉を作りあげようという観点の弱いものとする懸念がある」[53]との批判である．問題になるのは，農協事業が「住民側からの直接的な要請に基づき下から持ち上がった側面が必ずしも強くない」という評価である．もちろん，農協法改正や社会福祉基礎構造改革をブーム到来と捉え，高齢者福祉事業というビジネス・チャンスを獲得しようと考えた関係者もいないわけではないだろう．しかし，一般的には農協の経営状態は，収益性の定かでない新たな投資や高齢者福祉事業の欠損を許容するような余力を必ずしも持たない．組合員農家の経営悪化は農協経営の悪化をもたらし，金融システムの不安定化は限界金融機関である農協の収益性を著しく低いものにしている．そのため，たとえ，福祉事業の必要性を認識していたとしても，実際に事業に踏み出すことにためらいがある農協の方が普通である．

そのような状況を栃木県U農協の事業草創期について，藤江［1999a］および筆者の聞き取り調査に沿って確認したい．栃木県U農協は，2001年8月現在，ホームヘルプ事業で全国トップクラスの実績を示している単協である．広域合併以前の旧U農協は，1994年に高齢者福祉事業の開始をめざしたが，藤江［1999a］は当時の試行錯誤の過程をまとめており，これは，当事者による貴重な記録となっている．藤江氏は生活指導係長（当時，のちに生活福祉課長）として高齢者福祉事業の立ち上げに当たったが，当初は事業を作ってゆくことに必ずしも確信を持ってはいなかった．いわく，「高齢社会の到来による高齢者福祉事業の必要性は分かります．しかし，なぜJAなのか．JAの高齢者福祉事業の中で，私が果たすべき役割とは何か．そして，本当にJA事業として高齢者福祉事業が必要なのだろうか，疑問でした．当時は，まだJA内部においても，高齢者福祉事業は，全体のコンセンサスができておらず，一部トップだけが理解を示しているに過ぎない状況で，大多数の職員は，管理職も含め，『高齢者福祉事業は，JA事業にどのようなメリットをもたらすのか』，『このような時期になぜあえて赤字部門に取り組むのか』という考え方が主流でした」という状況であった[54]．藤江氏は担当者として行政や社会福祉協議会に相談し，特にヘルパーの研修を依頼した特別養護老人ホームの研修主任から次の言葉を聞くことで，初めて覚悟が固まったという．すなわち「私（研修主任—筆者）は20年以上も市のホームヘルパーをしていたが，その間，農家から依頼を受けたことは1件もない．（中略）痴呆になって農家の納屋に閉じ込められているお年寄りを何人も見てきた．でも，それらの農家はヘルパー派遣を依頼しない．これはなぜだろう．農村地域にも，これらを解決し，あまねく公平に福祉サービスが届くにはどうすればいいんだろう．そう，あなたたちJAが動くしかない．（後略）」[55]というのが，その言葉である．これは，先に確認した「農村における介護サービス需要の潜在化傾向」の証言に他ならない．そして，この特養職員は社会福祉における「住民参加の自発的部門」としての農協に，素直に期待を寄せ，藤江氏を励ましたのだといえよう．

U農協は，高齢者助け合い組織を結成し，1995年からホームヘルプを開始するが，最初は農協側に「事業」という認識があまりなく，純粋に福祉制度の網からこぼれる利用者を援助しようとして，スタートが切られている．第1号の利用者は厚生連病院からの紹介であるが，公的サービスの対象外であり，かつ当時の公的サービスではカバーできないほどのサービス量を必要とする重症の方であった．農協内部の反対を受けつつも行政・社会福祉協議会の全面的な協力を得て，有償活動としてU農協の高齢者福祉活動が開始された．そして「ヘルパーの真摯なサービスは，利用者の心を捉え，JAひまわり会の活動は口コミで広がっていき」，「6ヵ月が経過し，業務も落ち着き，ヘルパーさんも私も『ホッ』とした頃，地域の医療機関・在宅介護支援センター・訪問看護ステーションから，ヘルパー派遣依頼を受けるようになってきました」．やがて，1996年4月に市と「委託契約書を交わし，高齢者福祉事業（ホームヘルプサービス事業）が，立ち上がりました」[56]というのが，「事業化」までの経緯である．

　記述を先取りすることになるが，U農協と同様に第3，4章の事例においても，農協の役員層・職員層内部から高齢者福祉事業を始めようという機運が，強く湧き上がったわけではない．また，中央会や厚生連も必要な場合には支援するが，これらの連合組織が主導して単協を動かしたということでもない．助け合い活動を発足させ，事業を立ち上げ，軌道に乗せていったのは，現場の女性組織メンバーや担当職員の熱意であり，地域の医療・福祉ネットワークからの組織の壁を超えた援助や励ましであったことに，注目したい．

　以上のように，農協高齢者福祉事業が確立された事例（少なくとも，筆者が調査した事例）では，現場発のエネルギーが大きく作用しており，「中央からの戦略」のみで事業が成り立ったり，住民の要望とかけ離れた事業が起こされるといった可能性は，極めて薄い．言葉を換えて言えば，ボランタリズムが存在しない場合には，あえて農協が事業を立ち上げるということにつながらないということである．

　ただし，事業発足当初にボランタリズムが確かに存在していたとしても，

それが保持される保証はない．むしろ，事業が発展するにつれ，ボランタリズムが失われる恐れが強くなるはずである．相川［2000］は，在宅福祉ではなく医療の分野についてであるが，農村や地方都市における在宅ケアシステムの誕生過程について，極めて興味深い分析をしている[57]．相川は，長野県南佐久地域・同北佐久地域・茨城県土浦市のそれぞれの事例調査を行っている．それら3地域における在宅ケアシステムの共通点は，「第1に，在宅ケアへの新規参入はボランタリーな組織を既存組織の外に創出し，そこで個々人の主体性に依存する形で取り組まれたことである」．その理由として①縦割り行政の克服，②既存組織がタテ型硬直的組織であって柔軟性を喪失，③ボランタリー組織のもつ並列的人間関係が，人材を集めて，その熱意を引き出したこと，④経済不採算のリスクを既存組織ではなくボランタリー組織に負わせるため，という4点をあげている．「第2に，在宅ケアがある程度軌道に乗るとき，これまでのインフォーマルなボランタリー組織から，フォーマルな垂直型組織へと切り替えようとする動きが生じている．」「事業規模の拡大への対応，リスクの縮小に伴う母体組織の事業化志向の強まり，対外的に継続性の保証の必要性などが」切り替えを促すとしている[58]．

さらに相川［2000］は，組織論的な考察を経て，初期における並列型のボランタリー（非公式）組織は，垂直型の公式組織に転じること，事業の初期には医師や看護師といった専門職が「ボランティア」として端緒を作ったが，事業の発展に伴って「ボランティア」的性格は失われ，命令系統の明確な垂直組織になってゆくことを，結論としている．つまり，「人材活用やリスク回避，そして縦割り行政の壁を乗り越える等の必要から，既成の組織とは異なるボランタリー組織が生み出され，新分野を切り拓く推進力となった．リスクに耐えうる熱意と能力を引き出すうえで，垂直型組織より並列型組織の方が適合的だったのである．だが，新規の在宅ケア部門が軌道にのるとともに，並列的なボランタリー組織から垂直型の公式組織への転換が起きている．組織モデルから指摘できるように，垂直型組織の方が情報効率的で，事業の規模拡大に適合したシステムであり，公式制度化はそれを補強するものだっ

たからである」ということである[59]．

　筆者は相川［2000］への書評として，「ボランタリー組織の意義と限界を踏まえ，公式組織に移行する必然性は納得できるが，公式組織が必ず垂直型の管理主義的組織にならざるをえないのか，並列型組織の生き生きした描写が素晴らしいだけに，気になった点である」と述べたことがある[60]．相川氏の言う「インフォーマルなボランタリー組織」は筆者が対象とするボランタリズムに基づくフォーマルな組織とは異なり，「恣意的で事業遂行には不安定というデメリット」を持つ組織のようである．これに対し筆者は，ボランタリズムによる組織（これは垂直型組織ではなく，並列型組織になるはず）を，メンバーの参画と安定した活動を可能にする組織として想定している．相川氏の立論では一時的な存在に留まらざるを得ない組織を，いかにして恒常的な組織として発展させ，「プロフェッショナルな事業であって同時にボランタリズム（ボランティアではなく）に基づく事業」というあり方を定着させるかが，本稿での課題である．

3. 事業発展の類型と段階

　全国農協中央会の推計によれば，2000年度の介護保険事業規模は単位農協レベルで約75億円，市場シェアは1.5％程度となっている[61]．なお，この他に保険外事業・有償ボランティアなどがあるので，農協高齢者福祉事業の規模は，より大きいと思われる．

　単協レベルの介護保険事業者の指定状況は表2-7のとおりである．2000年8月末現在で，全国約1,600の単位農協のうち，1/4弱に当たる369が指定を受けていた．なお，2002年10月現在では，農協合併が進み，農協数が1,020程度となる一方で指定農協数は373と微増しており，比率は4割に近づいている．

　表2-7から明らかなことは，事業指定には地域差が大きいことである．都道府県別の単協数が異なる（また広域合併の進度が異なる）ので一概に比較

第2章 農協における高齢者福祉事業の創造過程

表2-7 農協の介護保険事業者指定の状況(都道府県合計)

2000.8.31現在(括弧内は2002.10.1現在)

都道府県	JA数合計	指定比率	事業指定JA数	訪問介護(ホームヘルプ)	居宅介護支援(ケアマネージメント)	通所介護(デイサービス)	訪問入浴	福祉用具貸与
北海道	209	1.9	4 (5)	4 (5)	0 (0)	1 (1)	0 (0)	0 (0)
青森	63	4.8	3 (5)	3 (3)	0 (1)	0 (0)	1 (1)	3 (5)
岩手	32	31.2	10 (10)	10 (10)	5 (6)	3 (2)	2 (1)	0 (2)
宮城	35	20.0	7 (9)	5 (6)	3 (5)	0 (0)	1 (1)	5 (9)
秋田	18	38.8	7 (10)	7 (9)	0 (1)	0 (0)	0 (0)	1 (8)
山形	27	14.8	4 (5)	3 (3)	1 (2)	0 (0)	0 (0)	2 (5)
福島	32	59.3	19 (18)	18 (18)	5 (5)	2 (2)	0 (0)	17 (18)
茨城	50	22.0	11 (10)	10 (9)	2 (2)	1 (2)	0 (0)	0 (0)
栃木	20	35.0	7 (10)	5 (6)	6 (8)	6 (8)	0 (1)	3 (7)
群馬	35	25.7	9 (11)	9 (10)	4 (6)	1 (1)	1 (1)	5 (10)
埼玉	50	10.0	5 (5)	3 (4)	1 (1)	2 (1)	0 (0)	2 (1)
千葉	51	17.6	9 (9)	9 (9)	1 (1)	1 (1)	0 (0)	0 (0)
東京	27	7.4	2 (3)	1 (1)	2 (2)	1 (2)	0 (0)	0 (0)
神奈川	29	24.1	7 (8)	7 (8)	3 (2)	0 (0)	0 (0)	0 (0)
山梨	31	9.7	3 (4)	2 (3)	1 (2)	0 (1)	0 (0)	3 (4)
長野	34	50.0	17 (17)	16 (15)	6 (9)	5 (6)	2 (2)	9 (10)
新潟	69	24.6	17 (17)	14 (12)	7 (6)	7 (6)	0 (0)	5 (5)
富山	38	26.3	10 (10)	10 (10)	4 (6)	1 (1)	0 (0)	0 (0)
石川	24	29.1	7 (8)	7 (7)	1 (4)	0 (0)	0 (0)	0 (2)
福井	21	47.6	10 (10)	10 (10)	2 (4)	1 (1)	0 (1)	3 (4)
岐阜	21	57.1	12 (11)	10 (10)	6 (7)	2 (2)	1 (1)	3 (3)
静岡	23	21.7	5 (6)	5 (6)	4 (6)	0 (3)	1 (0)	2 (1)
愛知	43	37.2	16 (15)	16 (15)	5 (8)	2 (3)	0 (1)	2 (5)
三重	21	33.3	7 (7)	6 (6)	1 (1)	0 (0)	0 (0)	6 (6)
滋賀	19	31.5	6 (7)	6 (7)	4 (6)	0 (0)	0 (0)	1 (2)
京都	19	26.3	5 (3)	4 (2)	0 (0)	0 (0)	0 (0)	2 (1)
大阪	30	6.6	2 (2)	2 (2)	1 (1)	0 (0)	0 (0)	1 (1)
兵庫	43	41.8	18 (9)	16 (9)	8 (7)	2 (3)	0 (0)	2 (4)
奈良	1	0.0	0 (0)	0 (0)	0 (0)	0 (0)	0 (0)	0 (0)
和歌山	26	34.6	9 (7)	9 (7)	0 (4)	0 (0)	0 (0)	0 (0)
鳥取	5	60.0	3 (3)	3 (3)	1 (1)	0 (0)	0 (0)	1 (1)
島根	13	46.1	6 (6)	6 (6)	3 (4)	1 (1)	2 (3)	1 (1)
岡山	58	15.5	9 (7)	9 (7)	0 (0)	0 (0)	0 (0)	3 (3)
広島	41	21.9	9 (9)	8 (8)	3 (5)	1 (3)	0 (0)	0 (1)
山口	20	40.0	8 (8)	8 (8)	1 (1)	0 (0)	0 (0)	1 (3)
徳島	29	3.4	1 (1)	1 (1)	0 (0)	0 (0)	0 (0)	0 (0)
香川	45	2.2	1 (1)	1 (1)	0 (0)	0 (0)	0 (0)	0 (0)
愛媛	15	60.0	9 (9)	9 (9)	7 (7)	1 (5)	1 (1)	6 (9)
高知	23	34.7	8 (7)	8 (7)	2 (2)	1 (1)	1 (1)	3 (2)

(つづき)

都道府県	JA数合計	指定比率	事業指定JA数	訪問介護(ホームヘルプ)	居宅介護支援(ケアマネージメント)	通所介護(デイサービス)	訪問入浴	福祉用具貸与
福 岡	32	62.5	20 (21)	20 (21)	15 (18)	3 (3)	0 (0)	1 (9)
佐 賀	32	0.0	0 (0)	0 (0)	0 (0)	0 (0)	0 (0)	0 (0)
長 崎	31	32.2	10 (5)	8 (5)	0 (2)	0 (0)	0 (0)	6 (4)
熊 本	32	31.2	10 (13)	10 (13)	6 (7)	0 (0)	0 (0)	0 (0)
大 分	27	40.7	11 (16)	10 (11)	4 (5)	0 (1)	1 (0)	2 (12)
宮 崎	13	46.1	6 (7)	6 (7)	2 (3)	0 (0)	2 (0)	0 (0)
鹿 児 島	32	21.8	7 (8)	7 (8)	3 (5)	0 (0)	0 (0)	1 (1)
沖 縄	28	10.7	3 (1)	2 (1)	1 (1)	1 (0)	0 (0)	0 (0)
合 計	1,618	22.8	369(373)	343(338)	131(174)	46 (59)	16(15)	102(159)

資料：全国農協中央会資料．
注：1) 申請中・指定済みの両方の合計数字である．
　　2) 厚生連・社会福祉法人等は除く．
　　3) 総合農協数は2000年3月31日現在．

できないが，20農協近くが指定を受けている県（長野・新潟・愛知・兵庫・福岡）がある一方で，指定ゼロ（奈良，佐賀）の地域も存在する．また，単協数に対して6割程度の農協が事業参入しているのは，福島，岐阜，鳥取，愛媛，福岡の5県であり，広域合併がある程度進んでいるとともに，高齢者福祉事業の推進に県中央会が熱心に取り組んでいるという共通性がある．一方，指定率10％未満は，北海道，青森，東京，山梨，大阪，徳島，香川であり，これらの背景は様々であると思われる．例えば，北海道は入所型サービスを中心とした高齢者福祉政策の先進地であり，厳しい自然条件とあいまって，小規模な在宅介護サービスの存立を困難にしているといった背景がある．既存の高齢者福祉サービスの展開状況や経済・社会・自然状況に，農協側の取り組みのあり方があいまって，多様な参入率が認められるといえよう．

なお，保険外（65歳未満や自立認定者など対象，保険利用上限以上，保険指定外のサービス）の事業のうち，先に述べた行政委託の生活支援・介護予防事業の実施状況は表2-8の通りである．

以下では，事業指定の進んでいる県を対象に，介護保険事業への対応のあり方を類型化したい．事業指定の組み合わせを見てゆくと，表2-9のように

第2章 農協における高齢者福祉事業の創造過程

表 2-8 農協の介護予防・生活支援事業実施の状況（都道府県合計）

2001.9.1 現在

都道府県	実施JA数	高齢者等の生活支援事業			介護予防・生きがい生活支援事業		その他
		配食サービス	軽度生活援助	その他	生きがい通所	その他	
北 海 道	1	1					
青　　森							
岩　　手	9	3			9		
宮　　城	1		1		1		
秋　　田	9	7	2		7	4	
山　　形	5	4	1		4		
福　　島	2	1	1		1		
茨　　城							
栃　　木	2	1	1		1		1
群　　馬	8	1	7		8		
埼　　玉	2		2		2		
千　　葉	0						
東　　京	2				2		
神 奈 川	0						
山　　梨							
長　　野	11	13	13		4	2	
新　　潟	16	8	6	1	8		2
富　　山	2				2		
石　　川	5	2	3				
福　　井	2	1			1		
岐　　阜	3	1		1	1		1
静　　岡	4				4	1	
愛　　知	5	1			4		
三　　重	1				1		
滋　　賀	1		1		1		
京　　都	1	1					
大　　阪	0						
兵　　庫	3		5				3
奈　　良	0						
和 歌 山	3		5			1	
鳥　　取							
島　　根	3	1	2		2		1
岡　　山	1	1					
広　　島	6	2	2	1	5	1	2
山　　口	5	1	6		4		
徳　　島	0						
香　　川	1					1	
愛　　媛	4	6	1		6		

(つづき)

都道府県	実施JA数	高齢者等の生活支援事業			介護予防・生きがい生活支援事業		その他
		配食サービス	軽度生活援助	その他	生きがい通所	その他	
高　　知							
福　　岡	4	3			2		
佐　　賀	3	3	1		2		
長　　崎	4		1		2		
熊　　本	6	2	4	2	1	3	
大　　分	6	2	2		5		
宮　　崎	3	2	2				
鹿 児 島	10	8	4	2	2		1
沖　　縄							
合　　計	154	73	76	8	92	14	11

資料：全国農協中央会資料より作成．
注：1) 1農協で複数の事業を行っている場合があるので，事業実施数より農協数合計は少ない．
　　2) 農協数が空欄の県は，未調査でデータなし．

3つの類型がありそうである．Ⅰ訪問介護（ホームヘルプ）が主体，Ⅱ居宅介護支援（ケアマネージメント）＋訪問介護の2種以上のサービス提供，Ⅲ居宅介護支援＋訪問介護＋通所介護（デイサービス）を複合的に実施，という3類型である．これらの類型は発展段階の意味を持つが，必ず次の類型に発

表2-9　タイプ別の農協介護保険事業者指定の状況
2000.8.31現在，申請中・指定済み合計

タイプ		農協数	備　　考
タイプⅠ	典型	167	訪問介護のみ
	準タイプⅠ	77	訪問介護が主
	計	244	
タイプⅡ	典型	57	訪問介護＋居宅支援
	準タイプⅡ	38	訪問介護＋居宅支援＋α
	計	95	
タイプⅢ	典型	16	訪問介護＋居宅支援＋通所介護
	準タイプⅢ	13	訪問介護＋居宅支援＋通所介護＋α
	計	29	
その他		1	訪問介護＋通所介護＋福祉用具貸与
総　計		369	

資料：全国農協中央会資料より作成．

展するという必然性はなく，それぞれの類型に留まることもありうると思われる．

　実は，以上の分類と発展段階は，安立［2001］において福祉NPO（事業型NPO）の実態分析から導出された分類・発展段階と，期せずして，かなり一致している．安立氏は公的介護保険指定事業者となっているNPO法人を対象に郵送方式による調査を行い，565法人のうち200法人の回答を得，それを分析することで類型を抽出している．介護保険指定事業者となって活動している福祉NPOは，「タイプⅠ：訪問介護型（介護保険制度の枠内では，訪問介護サービスだけを行っている），タイプⅡ：訪問介護＋ケアプラン型（ケアマネージャーを雇用してケアプランを作成しながら訪問介護サービスを提供している），タイプⅢ：訪問介護＋施設型（訪問介護サービスのみならず，デイサービスや宅老所なども運営している），タイプⅣ：複合発展型（ケアマネージャーをおいてケアプランを作成しながら，訪問介護サービスや，デイサービス，宅老所やグループホームなどの施設運営へと複合的・総合的に発展しながらサービスを提供している）」をあげている．なお，別に「ケアマネ中心型」「施設運営特化型」もタイプとして指摘しているが，これらは異なる発展経路であるとして，別の発展仮説を立てて検討している．

　安立氏は，上記の類型について次のように述べている．「福祉NPOが，ボランティア的な段階から，介護保険をへて，この順序に発展してきたのではないかと考えられる．ボランティア活動的なたすけあい活動から始まりNPO法人へ，そして介護保険業者へと発展した．その第1段階型がタイプⅠの訪問介護型であると考える．ついで，ケアプランを作成する必要を感じてケアマネージャーを雇用してタイプⅡの訪問介護＋ケアプラン型へと発展すると考えられる．さらにNPO法人の事務所等でデイサービスを運営し始めるとタイプⅢ・訪問介護＋施設型へと展開すると考えられる．この場合には，単なる事務を行う事業所ではなく，サービス提供拠点ともなる規模の事務所へと移転する必要が出てくるであろう．そうなると専従スタッフの数も増えて発展すると考えられる．そしてタイプⅣ・複合発展型の段階で

は，さらに専従スタッフを増強して宅老所やグループホームなど，地域密着・多機能の施設を運営し始めることになると考えられる．これが現在みられる福祉 NPO 発展における最先端の姿である．」[62]

筆者は，上記のタイプ分けが農協高齢者福祉事業にも適合すると考える．タイプ IV のレベルまで発展した例は十分に確認されないが，タイプ I・II・III は層として確認され，先に筆者が示した I・II・III とちょうど重なる．

表 2-10　農協介護保険事業指定のタイプ内訳

2000.8.31 現在，申請中・指定済み合計

類　型	農協数（都道府県別）
タイプ I	訪問介護・訪問入浴・福祉用具：1 JA （青森 1） 訪問介護・福祉用具：44 JA （青森 3，宮城 1，秋田 1，福島 13，群馬 2，山梨 1，長野 4，福井 3，三重 4，京都 1，岡山 3，山口 1，高知 1，長崎 4，大分 1，鹿児島 1） 訪問介護のみ：167 JA
タイプ II	居宅介護支援・訪問介護・訪問入浴・福祉用具：3 JA （静岡 1，島根 1，愛媛 1） 居宅介護支援・訪問介護・福祉用具：28 JA （宮城 2，山形 1，福島 2，栃木 1，群馬 2，山梨 1，長野 2，新潟 1，岐阜 2，静岡 1，愛知 1，三重 1，滋賀 1，大阪 1，兵庫 1，鳥取 1，愛媛 4，高知 1，福岡 1，大分 1） 居宅介護支援・訪問介護・訪問入浴：6 JA （宮城 1，岐阜 1，島根 1，大分 1，宮崎 2） 居宅介護支援・訪問介護：57 JA （岩手 2，福島 1，茨城 2，群馬 1，東京 1，神奈川 3，長野 1，新潟 1，富山 3，石川 1，岐阜 2，静岡 2，愛知 2，滋賀 3，兵庫 3，島根 1，広島 2，山口 1，愛媛 1，福岡 12，熊本 6，大分 1，鹿児島 3，沖縄 1）
タイプ III	居宅介護支援・訪問介護・通所介護・訪問入浴・福祉用具：3 JA （群馬 1，長野 1，高知 1） 居宅介護支援・訪問介護・通所介護・福祉用具：9 JA （福島 1，栃木 2，長野 2，新潟 3，兵庫 1） 居宅介護支援・訪問介護・通所介護・訪問入浴：1 JA （岩手 1） 居宅介護支援・訪問介護・通所介護：16 JA （岩手 2，福島 1，栃木 1，千葉 1，新潟 1，富山 1，福井 1，岐阜 1，愛知 2，兵庫 1，愛媛 1，福岡 2）
その他	居宅介護支援・通所介護・福祉用具：1 JA（埼玉 1）

資料：全国農協中央会資料より作成，表 2-9 を組替え表示．

先の表2-9および，その地域別・事業別内訳を示した表2-10によって分かることを，以下にタイプ別に示したい．

　タイプⅠは，女性組織のホームヘルパー養成と「有償ボランティア」の助け合い活動をそのまま延長させた性格を持つと推測される[63]．ボランティア活動との連続性からボランタリズムを生かしやすいが，逆に「主婦規範」の強い女性組織活動が温存され，事業の発展性があまり期待できない場合もありうる．利用者のケアマネージメントは外部に依存せざるをえないが，特殊な場合を除いて民間のケアマネージャーがケアプランに農協ホームヘルプサービスを大量に組み込むことは考えがたい．ゆえに，行政（在宅介護支援センター）や社会福祉協議会との緊密な関係が形成されている場合にはケアプランへの組み込みが期待できるが，そうでない場合には事業量の伸び悩みが問題となる．

　介護保険制度上，訪問介護を営む事業所には，ホームヘルパーが常勤換算で2.5人以上，サービス提供責任者としてホームヘルパー1級か介護福祉士の資格保有者が専任・常勤で1名以上必要である[64]．サービス提供責任者は，正職員ではないまでも常駐の農協職員として，新たに外部から雇用されることが多い．この職員が「自発型」セクターとしての農協高齢者福祉事業の意義をどれくらい理解し，地域の福祉・医療ネットワークにどの程度，参画できるかによって，農協事業の質がかなり決定されることになろう．

　ただし，他の事業主体同様，ホームヘルプ部門では赤字基調に推移しており，タイプⅠのうち167農協はホームヘルプだけを営んでいるので，その収支改善が課題となっている[65]．そこで，収支を均衡させ，また，事業を質的に発展させるためにも，デイサービスやケアマネージメントと結合させた総合的な事業運営の必要性が指摘されている．

　都道府県別では，秋田，茨城，千葉，和歌山にタイプⅠが多い．また，ホームヘルプに福祉用具貸与が加わった形も，上記と質的に差はないと思われる．これは，経済連（全農県支所）の福祉用具事業との連携があることが多く，都道府県別では，福島，三重に多い．

タイプⅡは，上記Ⅰに居宅介護支援事業が加わる．現場の福祉サービスの質・量を直接に左右するケアプランを策定しつつ，福祉サービスを供給する点がⅠより，質的に高度である．当然，農協自身のホームヘルプを優先したケアプランを策定することになるので，事業量は大きくなるはずである．その際に，養成してきたヘルパーをどのように活用するかが問題になる．助け合い組織の「有償ボランティア」活動と一体化させて，手当てや運営も連続的に扱うのか，それとも助け合い活動とは一線を画して，ヘルパー手当ても地域のヘルパー賃金市場と均衡させるよう取り扱うか，といった問題が表面化する．助け合い活動との連続性を優先させた場合，ボランタリズムを維持することは比較的容易であるが，Ⅰと同様の「主婦規範」による制約に直面することになる．逆に助け合い活動と分離した形で事業化を進める場合，ある程度の収入を求めるヘルパーのために，コンスタントな事業量の確保が求められる．さらに，質の面では，一般の高齢者介護サービス事業体と何が異なるのか，「自発的」セクターの事業体として何が望まれているのかを常に問い続けることが必要になろう．

　介護保険制度の規定により，居宅介護支援事業者は，常勤のケアマネージャーを1人以上配置する必要があり，ケアマネージャーとの兼務も可能であるが，管理者も常駐させる必要がある[66]．ケアマネージャー資格の取得には，福祉・医療関係で5年以上の実務経験が不可欠であり，かつ試験合格率も低く，資格の取得は困難である．ベテランの生活指導員や優秀な助け合い組織のリーダーが資格を取得する例はあるものの[67]，一般的には内部養成は難しい．そのため，正職員もしくは正職員に近い雇用条件で専門家を新たに雇用することが必要になる．また，自前のホームヘルプ事業だけではケアプランは完結しないであろうから，他の福祉施設・医療施設（厚生連等）と連携しながら，事業を進めざるを得ない．ゆえに，事業の発展にとっては，地元の医療・福祉ネットワークに積極的に参画できるようなケアマネージャーが望ましいことになる．助け合い活動で養ってきたボランタリズムを，事業の発展の中で喪失するか否かも，ケアマネージメントの質によって規定されるこ

とになろう．

　都道府県別に見ると，福岡の多さが目立ち，次に熊本・愛媛等の指定数が多い．

　タイプIIIはIIに加えてデイサービスセンターを設置し，総合的なサービス供給に努める段階である．サービス提供の頻度も上がり，利用者に対する責任も重くなるはずである．この段階に至った農協事業は，先に明らかにした「農村型」福祉システムを担う地域密着の複合的事業体として，十分な機能を果たしうるはずである．デイサービス事業が加わるということは，（特殊な場合を除き）農協がデイサービスセンターの施設投資を担うことを意味する．IIまでの段階では，固定的経費は，管理的立場にある職員の人件費程度であり，事業規模や内容も比較的柔軟に変更することができた．これに対し，固定資産投資を行った場合には，投資額の回収（資産の減価償却）が常に課題となる．デイサービスセンターは介護保険制度によって，設備基準が定められており，食堂・機能訓練室・独立した相談室・静養室等の設置が求められ，補助事業を活用したとしても農協は数千万円の負担をすることになる．また，施設に応じた定員も定められるため，事業量もそれに左右されるという制約もある[68]．さらに，制度上の人員基準によって，利用者数に応じた介護職員（ケアスタッフ，資格としてはヘルパー2級で可）の配置数が決められ，生活相談員・看護職員・管理者等を専従で配置することが求められる．このうち，専門性の高い看護職員を外部から雇用せざるをえないことは，IIのケアマネージャーと同様である．以上のような固定資産投資の面からも人員配置の面からも，生活福祉部門が農協の1つの事業部門として独立する傾向がある．

　さて，IIIの段階においてボランタリズムを生かすには，相当に意識的な取り組みが必要である．助け合い組織の「有償ボランティア」活動との直接的な連続性は，薄れざるを得ないだろう．ただし，ボランティア活動を経験した助け合い組織のメンバーは，農協高齢者福祉事業のスタッフとなった時点でも，自らの仕事の社会的意義を意識し，組織への積極的参画を志向する

可能性が高い．「賃労働」の観点からは低賃金で不安定雇用のパート職と見えるとしても，通常のパート職とは異なる働き方が可能であろう．すなわち，通常のパート職は正職員に比べ，業務の範囲が限定され，求められる責任も少なく，裁量の余地もほとんどない場合が普通である．それに対し，ここで想定しているようなスタッフは，ボランティア活動と同様，手当ての多少ではなく，社会的意義の自覚によって主体的に働くという働き方を身につけているといえる．ゆえに，自ら責任を負って，業務を作り出してゆけるスタッフであろう．いわば，「ボランティア活動をくぐることで，働き方を変えて来た」人々であり，このようなスタッフであれば，ボランタリズムを実現できる可能性がある．

また，ケアマネージャーや看護職をはじめとした専門性の高いスタッフが，地域医療・福祉ネットワークに積極的に参画することが，ボランタリズムの条件になることは，IIで述べたとおりである．加えて，IIIの段階では，これらの総合的な事業をボランタリズムを実現しつつ運営できれば，農協のみならず地域全体の高齢者福祉のレベルを向上させることが可能となろう．

表2-10に示したように，IIIに属する単協は全国で30農協程度であるので，県別の集計はあまり意味を持たないが，栃木・新潟が多く，岩手・長野がそれに次いでいる．なお，広域合併していない単協においては，投資額に見合った利用者を恒常的に確保できるかという点で不安が大きい．広域合併農協のみがタイプIIIに発展しうるわけではないが，客観的条件として，ある程度の高齢者人口を管内に抱えることが前提となろう．

非営利組織に限らず，在宅福祉サービスを営む事業体は多かれ少なかれ経営問題を抱えている．もちろん，これは公的介護保険制度の介護報酬単価に左右されるものである．厚生労働省老健局が2002年10月に「介護事業経営実態調査結果」として公表したサンプルデータによっても，在宅福祉サービスの損益が厳しい状況は明らかである．訪問介護だけでは赤字（補助金を加えてようやく収支均衡），居宅介護支援はさらに大幅な赤字であって，これらの事業だけでは経営が成り立ちがたい．さらに，ホームヘルプにおいては

身体介護の単価（30分以上1時間未満で4,020円が基本的報酬額）に比べ，家事援助の単価（同2,220円）の低さが著しい．農協の高齢者福祉事業，特にタイプⅠ・Ⅱの段階では家事援助が主体になることが多く，なおさら，収支が厳しいと推測される．この事情は，2003年度からの新しい介護報酬単価次第であり，厚生労働省は居宅サービスに有利な単価設定をする方針であるので，現行よりも悪くなることはないだろう．しかし，依然としてタイプⅠ，タイプⅡの収支は困難であり，タイプⅢ以降になって初めて経営体としての安定性が望める状況と思われる．

　農協高齢者福祉事業の発展の観点に立てば，タイプⅠに達する前の高齢者助け合い組織＝（有償）ボランティアグループからタイプⅠ段階への発展が，第1のネックになると思われる．ここでは，「主婦規範」に規定されたボランティア活動をいかにして恒常的事業に転換しうるかが課題である．経営的には，有償ボランティア活動とホームヘルプのみの事業とは，損益状況にそれほど差を生じるものではないので，損益が改めて問題になるということではなかろう．助け合い組織のボランティア活動の赤字補填は「生活指導部門の赤字」として，恒常的な「営農指導部門の赤字」と同質のものとして許容される可能性が高い．ホームヘルプ事業も，補填額がそれほど大きくならなければ，組合員サービスに伴う，やむを得ない赤字として処理されることになるだろう．むしろ，助け合い組織メンバーの意識を「余暇を生かしたボランティア活動」から「社会的意義を自覚した持続的な事業」へと切り替えられるか否かが，ポイントであろう．第3章で取り上げる北海道当麻農協の分析は，助け合い組織の活動がタイプⅠへと発展してゆく過程を追ったものである．表2-7で確認したように，北海道はこの分野では後発的な位置にある．必ずしも，周囲からの積極的な支援を得られない中で，どのようにタイプⅠへと「離陸」できたのか，この点に分析のポイントを置きたい．

　さて，無事に「離陸」を果たしたとして，一般的に次のネックとなるのはタイプⅠ・Ⅱを経て，タイプⅢに到達する局面であろう．先にも述べたように，固定的経費がより多く必要となるタイプⅢでは，農協の1つの事業

部門として，その損益が注目の的となろう．特に固定資産投資が必要であることから，順調に減価償却ができるだけの収益が上がるか否かが問題となる．また，事業量が大きくなるにしたがって運転資金も大きくなり，内部資金運用に対して内部利子を負担できるだけの収益力があるか否かも問われる．公的介護保険制度では，確実な介護報酬支払いが期待できるため，「代金回収」のリスクは小さい．しかし，国民健康保険連合会（国保連）からの介護報酬支払いは，最も順調にいってサービス供給の翌々月であって，その間の運転資金は自己調達しなければならない．農協の場合，同一経営体で信用事業を営み，他の事業でも資金余裕の生じる場合があるため，内部資金を活用することが容易である．資金の絶対的不足に悩む他の非営利組織（生協やNPO法人）に比べ，より恵まれた立場にあるが，利子を支払うだけの収益力が求められることは同じである．

以上から，新規投資を決断し，新たな事業方式を創ってゆけるようなマネージメント能力が，タイプⅢへの発展のキーポイントであることは疑いない．ただし，筆者が強調したいのは，単に収支を償うような事業が確立するだけでは，非営利組織らしい事業方式とはいえないということである．ボランタリズムを基本とした組織のままで，しかし，事業体として完成度の高いあり方がいかにして可能となるか，これが課題である．第4章のはが野農協の分析は，（タイプⅠ・Ⅱの段階にも触れながら）タイプⅢとしてどのように事業を組み立てていったか，特にボランタリズムを保持しながら，規模の大きい業務組織をいかに創って行ったのかを焦点としたい．私見では，はが野農協の発展段階はⅢを超え，安立氏の言うタイプⅣ（複合発展型）の域に達していると評価される．郡単位の広域合併農協とはいえ，単位農協の枠組みの中で，なぜそこまで事業を発展させえたのかを明らかにしたい．

注
1) 蟻塚［1997］94ページ．
2) 同上，130ページ．

3) 同上，133 ページ．
4) 一般的な「非営利セクター論」や「第3セクター論」については，富沢賢治・川口清史 [1997]，林雄二郎・連合総合生活開発研究所 [1997] 参照．
5) 川口 [1999] 15-17 ページ．
6) ペストフ [2000] 48-49 ページ．
7) 蟻塚 [1997] 128 ページ．
8) 同上．
9) 同上．
10) 市川他 [1998] 125 ページ．
11) 同上．
12) 同上，125-126 ページ．
13) 同上，125 ページ．
14) (社)北海道地域農業研究所 [1998b, 1999] 参照．
15) 杉岡 [1990] 100 ページ．
16) 法改正の具体的経緯については，相川 [2000] 238-245 ページ参照．
17) 同上，237 ページ．
18) 京極 [2002] 60 ページ．
19) 相川 [2000] 239 ページ．
20) 同上，242 ページ．
21) 同上，244 ページ．
22) 同上，245 ページ．
23) 高野 [1999] 223 ページによれば，東日本に比べ，西日本で一般に人口の高齢化率が高く，高年型の核家族的世帯が多く，高齢者と既婚子の同居率が低いという．
24) 栗田 [2000] 54-55 ページ．
25) 同上，112 ページ．
26) 相川 [2000] 103-120 ページ．
27) 栗田 [2000] 111-112 ページ．
28) 杉岡 [1990] 100-101 ページ．
29) 海野 [1980] 206 ページ．
30) 同上，71 ページ．
31) 同上，224-227 ページ．
32) 南木 [1994] 104-105 ページ．
33) 若月 [1971] 67 ページ．
34) 同上，30 ページ．
35) 同上，159 ページ．
36) 南木 [1994] 153-154 ページ．
37) 同上，201 ページ．

38) 佐久総合病院ウェブサイトによる．
39) 平成11年度総合農協統計表．
40) 北海道では，営農指導員1,316名に対し，生活指導員57名と極端に配置が少ない（1999年度）が，これは極めて例外的である．
41) 実際には専業主婦化が女性の解放をもたらさなかったことは，三浦［2000］190-192ページを参照．
42) 千葉［2000］94-95ページ参照．
43) 2001年12月現在の農林水産省の組織では，生活という名の付く課そのものがなくなり，婦人ではなく女性という呼称の用いられている課が2課存在するだけである．
44) 天野［2001］14ページ．
45) 旧Y農協・K生活指導員の活躍の軌跡は，協同組合福祉フォーラム実行委員会［1997］参照．
46) 樋口・あだち［1995］，岩崎・宮城［2001］参照．
47) 沖藤［1998］参照．
48) 栗田［2000］75ページ．
49) 物質的豊かさと併存する現代的貧困について述べた著作は多数あるが，暉峻淑子『豊かさとは何か』岩波新書，1989年が代表格である．
50) 相川［2000］238ページ．
51) 日本農業年鑑刊行会［2000］418ページ．
52) 本城［1999c］55-56ページ．
53) 同上．
54) 藤江［1999a］248-249ページ．
55) 同上，250ページ．
56) 同上，255ページ．
57) 相川［2000］においては，ボランタリーという用語が第1章に述べた「ボランティアリズム（ボランティア活動の原理）」と「ボランタリズム（自発的な組織化された活動の原理）」の両方に関わるものとして用いられている．ただし，その記述は筆者の用いるボランタリズムに重なっている部分が多いので，ボランタリズムに極めて近似した概念としてこれを捉えたい．
58) 同上，165ページ．
59) 同上，208ページ．
60) 田渕［2001a］参照．
61) 全国農協中央会［2001］．
62) 安立［2001］73-75ページ．なお，この文章内の数字は混乱しないよう，①をタイプⅠ，②をタイプⅡと，表記方法を若干変えている．
63) 大友［2000］は，前述の福島県東和町農協において，社会福祉協議会が介護保険指定事業者として事業を拡張しようとする一方で，農協の助け合い活動が

伸び悩み，必ずしも事業につながらない事例を紹介している．助け合い活動は必ずしも事業につながるものではないことに，注意が必要である．
64) 月刊介護保険編集部［2000］参照．
65) 基本的には公的介護保険制度は国によって報酬額が決められており，ホームヘルプ，特に「家事援助」の報酬が低すぎることが農協だけでなく，他の事業主体によっても批判されている．報酬金額や家事援助・身体介護の区分け等については，2003年に国が制度を見直すことになっているが，どうなるかは現時点では不明である．
66) 月刊介護保険編集部［2000］参照．
67) 前掲の栃木県U農協では，生活福祉課長（藤江氏）自らがケアマネージャーとしての業務にも当たっている．
68) 月刊介護保険編集部［2000］参照．

第3章　女性部助け合い組織と事業創造
―北海道当麻農協の事例に即して―

第1節　当麻農協と地域農業

1.　当麻町・農業の概況

　本章では，前章で確認した高齢者福祉事業の類型のうち，ごく初期の段階に当たるタイプⅠとして，北海道当麻農協を取り上げる．当麻農協は，高齢者助け合い組織を発展させ，高齢者福祉事業を創ったわけであるが，その担い手の養成にあたって独自の養成講座を設けた点がユニークである．この養成講座出身のスタッフが，主婦規範を超えたボランティア活動・高齢者福祉事業を形成してゆく過程が，本章の分析の焦点である．

　当麻町は北海道北部・上川盆地の中央部に位置し（図3-1参照），人口は7,865人，世帯数2,817（2001年3月末）の小さな町である．農業を基幹産業とし，鍾乳洞を中心とした若干の観光業にも力を入れている．また，地域の中核都市・旭川市中心部まで車・列車ともに30分で到着することから，近年，ベッドタウンとしても注目され，人口が流入してきている．しかし，在住者の高齢化が進んでおり，高齢化率は28.2%（2001年3月末）と，周辺市町村同様，かなりの高さに達している．特に農家人口2,891人に対し，65～69歳は266人，70歳以上が644人に上り（2000年センサス）[1]，農家の高齢化率は31.4%と同時期の町平均を3%以上，上回っている．また，農村部では離農しても住み慣れた集落に残り，独居や老夫婦のみとなる世帯が

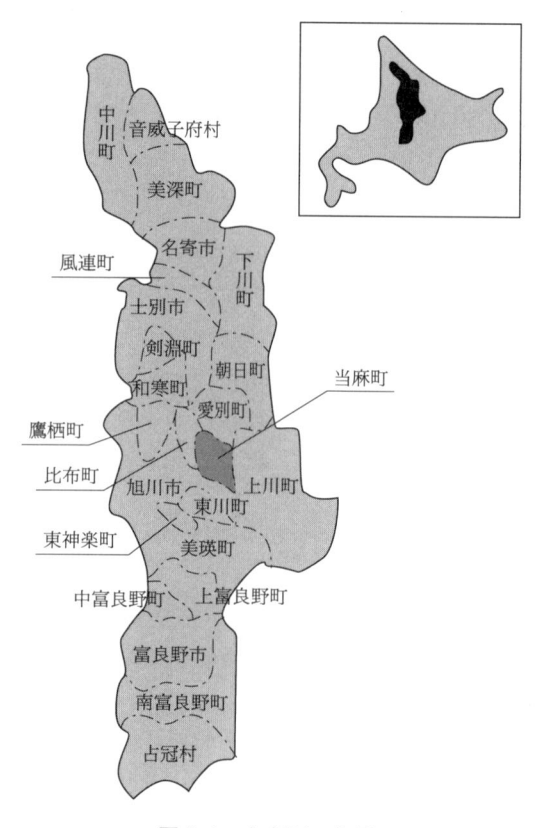

図 3-1　当麻町の位置

目立ってきている．集落の相互扶助機能も弱くなり，農協職員の援助がなければ葬儀が営めない例もあるという[2]．

　当麻町内では，小規模な兼業農家も多く，総農家数 798 戸中，自給的農家が 127 戸，また専兼別では販売農家 671 戸中，専業 165 戸，第 1 種兼業 265 戸，2 種 241 戸（2000 年センサス）であり，兼業比率が 75.4% と北海道の中では兼業農家が多いことが特徴である．また，表 3-1 に示すように当麻町の農業経営面積規模のモードは一貫して 3~5ha 層にあるが，その実数は速いスピードで減少している．1975-85 年にかけては 5ha 以上層での増加が認め

第3章　女性部助け合い組織と事業創造

表 3-1　当麻町における農家経営面積規模の推移

	1970	1975	1980	1985	1990	1995	2000
総農家戸数	1,480	1,329	1,231	1,151	989	872	798
（比率）	(100.0)	(100.0)	(100.0)	(100.0)	(100.0)	(100.0)	(100.0)
例外規定	3	3	3	2	13	22	35
	(0.2)	(0.2)	(0.2)	(0.2)	(1.3)	(2.5)	(4.3)
1ha 未満	106	105	110	120	76	63	60
	(7.2)	(7.9)	(8.9)	(10.4)	(7.7)	(7.2)	(7.5)
1〜3ha	602	486	401	348	223	163	135
	(40.7)	(36.6)	(32.6)	(30.2)	(22.5)	(18.7)	(16.9)
3〜5ha	636	535	464	399	310	226	165
	(43.0)	(40.3)	(37.7)	(34.7)	(31.3)	(25.9)	(20.6)
5〜7.5ha	127	178	203	204	172	136	105
	(8.6)	(13.4)	(16.5)	(17.7)	(17.4)	(15.6)	(13.1)
7.5〜10ha	6	19	38	54	74	66	55
	(0.4)	(1.4)	(3.1)	(4.7)	(7.5)	(7.6)	(6.9)
10〜15ha		3	11	20	43	55	47
		(0.2)	(0.9)	(1.7)	(4.3)	(6.3)	(5.8)
15〜20ha				1	4	20	21	34
				(0.1)	(0.3)	(2.0)	(2.4)	(4.2)
20〜30ha						6	25	26
						(0.6)	(2.9)	(3.2)
30〜40ha						1	1	9
						(0.1)	(0.1)	(1.1)
自給的農家					51	94	127
					(5.2)	(10.8)	(15.9)

原資料：農林水産省・農業センサス各年度版，寺本［2001］資料に加筆．

られたが，90-95 年では一階層上の 7.5ha 以上で，その後は実に 15ha 以上層でようやく増戸がある，という状況である．この規模拡大は，近年，農地売買よりも賃貸借によって進行しており[3]，一方で農地を集積する一部の階層と，他方で離農もしくは自給的農業のみを維持しながら農地を上層農に賃貸する者が目立っている．こうした「リタイア組」の存在は，前述の独居高齢者もしくは夫婦のみの高齢者問題を引き起こす一方，やや若い階層での「リタイア」は妻に生活時間の余裕を与え，農協高齢者福祉活動・事業の中核的な担い手を供給することにもなる（後述）．

このような高齢化が進む中で，当麻町行政は「日本一スポーツ活動のま

ち」をスローガンに健康づくりに力を注ぎ，1995年には「体力つくり国民会議議長賞」(事務局：文部省)を受賞している．当麻山山麓にスポーツ施設やレクリエーション施設を配備し，町民の健康増進と観光客誘致に力を注ぎ，1995年には，同地に入浴・研修施設「ヘルシーシャトー」を建設，町の健康課もこれに積極的に対応した．町民はヘルシーシャトーで入浴や研修をしたついでに，健康相談をしたり手続きを済ませたりすることができる．さらに，98年にはヘルシーシャトーの棟続きに保健福祉センターを増設し，在宅介護支援センターとデイサービスセンターを配置している．2000年からは，民間組織Hの訪問看護ステーションが保健福祉センター内に開設され，町内福祉事業の一大拠点が形成された．

　また，在宅介護については，社会福祉協議会（1986年に社会福祉法人格取得）がヘルパーを正職員として雇用し（当初は4名，2000年現在は6名に増員），安定感のあるホームヘルプ事業を長年，行ってきている．一方，町内の入所施設としては特別養護老人ホーム「当麻町柏陽園」があり，これは民間の社会福祉法人Tによって運営されてきた．この社会福祉法人は特別養護老人ホームに隣接したデイサービスセンターを運営する他，ヘルシーシャトー内のデイサービスも，その運営を町から委託される存在である．

　公的介護保険導入に際し，当麻町は近隣の4町と介護認定審査会を共同設置し，経費節減と公平・中立な認定を目指すこととした．当麻町内の認定者は計274名（2000年10月1日現在）であり，うち185名が在宅であった．認定後のケアプラン作成は町職員（健康課）であるケアマネージャー7名が中心となっており，ケアプランを策定した在宅要介護者は132名である．なお，社会福祉法人Tも介護保険導入と同時にケアマネージャーを配置しているが，現在は特養の入所者のみを対象にしている．また，町健康課ではケア会議を毎月主催し，町内全事業所（社協・社会福祉法人・JA含む）の担当者が参集し，ケース検討を行っている．このケア会議の開催は介護保険制度で義務づけられているが，現実には多くが開いておらず[4]，当麻町の取り組みは高く評価できるものである．

以上に加え，町立国保診療所の存在もあり，当麻町の保健・福祉サービスは，小規模な町としては比較的整備されている部類である．このことを反映し，介護保険料も年間 38,400 円（2002 年度基準額）と，やや高いほうに属している．ただし，農家・農村部としてみた場合，十分なサービスが存在するとはいえず，農協独自の取り組みが求められたわけである．

2. 当麻農協の組織・事業の特徴

農協は表 3-2 に示すように，正組合員戸数 967 戸（2000 年度末）であるが，正組合員（個人）は 1,720 人と，平均 1 戸あたり 1.78 人の複数組合員制となっている．役員をかつて投票で選んでいた（現在は選任制）ことも影響しているとは言いながら，当麻農協には後継者や女性をも正式なメンバーとして認める風土があるといえよう．ただし，青年部員数は 42 名であるから後継者の確保が順調であるとは言いがたく，むしろ複数組合員化は女性を中心に進んでいると推測される．女性部組織率も正組合員戸数に対して 58% と，上川支庁管内平均の 41%[5] を上回っており，女性の組織化が進んでいる単協であるといえよう．

当麻農協の事業は，営農関係事業に特に力を注いできたオーソドックスな事業構成を示す（表 3-3）．当麻町は古くからの良質米生産地として知られるが，現在でも平均耕地面積は 4.8ha と，決して大規模とはいえず，常に経営集約化を目標にしてきた地域である．特に，水田転作の定着・深化によっ

表 3-2 当麻農協の組織概要（2000・2001 年度末）

（単位：人・戸）

年度	正組合員数（個人）	准組合員数（個人）	正組合員戸数	青年部部員数	女性部部員数	役員数（理事）	役員数（監事）	職員数
2000	1,720	322	967	42	561	12	4	74
2001	1,655	320	949	44	536	12	4	62

資料：当麻農協資料．
注：2001 年度の職員数減少は主として生活購買部門が別会社に移行したためである．

表 3-3　当麻農協の事業概要（2000・2001 年度末）

（単位：百万円）

年　度	貯金残高	貸付金総残高	貸付金中受託資金	長期貸付金	預金残高	長期共済保有残高
2000	11,240	5,880	2,810	1,720	7,254	83,400
2001	11,195	5,337	2,594	1,470	7,259	81,670

年　度	年間販売額	米	野　菜	花　卉	年間購買額	生産資材	生活物資
2000	3,910	2,538	809	463	2,439	1,730	709
2001	4,282	2,919	817	493	1,995	1,712	283

資料：当麻農協資料．
注：2001 年度の購買額減少は年度途中に生活購買部門が別会社に移行したためである．

表 3-4　当麻町における主な農作物の作付面積推移

（単位：ha）

	1975	1980	1985	1990	1995	1998	2000
水　　稲	2,950	2,110	2,460	2,330	2,930	2,610	2,448
小　　麦		462	556	600	75	33	X
小　　豆	181	256	153	219	112	106	67
て ん 菜	23	158	36	47	28	23	15
す い か	26	11	16	24	21	23	18
きゅうり	12	12	14	15	13	12	2
大　　豆	31	28	30	25	19	57	25
メ ロ ン		3	18		8	8	2
ばれいしょ	11	7	9	9	13	21	2
ト マ ト	12	8	7		8	7	3

原資料：北海道農林水産統計年報，寺本［2001］資料に加筆．
注：x は，データ不詳．

て青果物（果菜）と花卉の導入を進めてきた（表 3-4 に作付面積）．中でもユニークな命名（1984 年）で話題を集めた漆黒の「でんすけスイカ」ブランドは有名であり，贈答用市場に特化し，底堅い価格形成を実現してきている．表 3-4 で確認できるように，一時は衰退しかけたスイカ作付けをブランド確立とともに立て直し，20ha 程度の作付けを確保している．さらに，今後の作付けを増やすために，農協が育苗センターを完備したところである．近年は，光センサーでの選別，ゲーム会社[6]と組んだ奇抜なマーケティングに成功し，青果物全体の不振の中でも安定した需要を形成している．2000 年度からは，「でんすけスイカ」果汁を活用したゼリー等の加工品の製造・販売

をH製菓（本社・砂川市）に委託し，需要の拡大・スイカの全国的な知名度向上を図っているところでもある．H製菓は有名メロン産地の農協と全面提携し，メロン果汁を利用した加工品の開発・販売に成功を収めた企業であり，今後の事業展開が注目される．

さらに，当麻町は上川支庁最大の花卉産地として力を伸ばし，当麻農協の集出荷施設とブランド「大雪の花」の力が評価され，花卉の集出荷を近隣農協から委託される存在である．当麻町での花づくりはすでに40年以上の歴史を有しており，共同育苗に支えられたカーネーションや菊の品質には定評がある．加えて，花卉の中でも最も難しいといわれるバラ栽培に力をいれていることが注目される．当麻町のバラは花持ちの良さが特に評価され，全国レベルの品評会で全国トップの折り紙を付されるほどである．いずれの花卉も，農協担当者が強い配荷権を持って近畿圏の市場を中心に出荷され，安定した品質と量の確保によって，信頼される産地となっている．

また，米については「高品質米」出荷に農協をあげて取り組み，2000年度産米は全量（19万6000俵）が「高品質米」規格をクリアしている．当麻農協販売事業は，小麦などの畑作物・畜産物販売額を減らす一方で，青果物・花卉の取扱高を着実に伸ばしているが，米は政府米・自主流通米等を合わせると，25～28億円でほぼ一定しており，販売事業の基幹品目の地位を堅持している．農協は米の乾燥・調整・保管施設であるカントリーエレベーターを設置，米のブランド化に全力を注いできた（詳しくは後述）．こうした努力が実り，2001年12月に道農協米対策本部より発表された「コメ産地ランキング」（生産力・商品性・販売力の総合評価）において，当麻町は全道一となり，2002年度の生産調整が，わずかではあるが緩和されている[7]．

以上のように，当麻町ではスイカにしろ，野菜・花卉にしろ，生産・流通過程で労働力を大量に必要とするところから，労働力問題を常に抱えざるをえない．加えて高品質米への取り組みは，あたかも果菜や花卉を生産するがごとく，細心の注意を払って米を生産する必要を生んでいる．こうした中で，女性労働力は大型機械こそ，あまり動かさないものの，ハウスのビニールを

表 3-5 当麻町農家における労働力の女性化と高齢化

	1970	1975	1980	1985	1990	1995	2000
世帯員総数 (比率)	7,555 (100.0)	6,207 (100.0)	5,647 (100.0)	4,981 (100.0)	4,110 (100.0)	3,397 (100.0)	2,891 (100.0)
うち60歳以上	985 (13.0)	1,088 (17.5)	1,188 (21.0)	1,275 (25.6)	1,048 (25.5)	1,205 (35.5)	1,194 (41.3)
農業従事者数	4,373 (100.0)	3,476 (100.0)	3,384 (100.0)	3,019 (100.0)	3,488 (100.0)	3,035 (100.0)	1,805 (100.0)
うち女性	2,190 (50.1)	1,758 (50.6)	1,703 (50.3)	1,511 (50.0)	1,815 (52.0)	1,588 (52.3)	893 (49.4)
農業従事者数 150日以上	2,813 (100.0)	1,504 (100.0)	1,256 (100.0)	986 (100.0)	1,553 (100.0)	984 (100.0)	733 (100.0)
うち女性	1,377 (49.0)	802 (53.3)	680 (54.1)	562 (57.0)	982 (63.2)	535 (54.4)	400 (54.5)

原資料：農林水産省・農業センサス各年度版, 寺本［2001］資料に加筆修正.

こまめに開閉して温度管理をするような緻密かつ熟練を要する作業を担い, 男性に勝るとも劣らない質と量の労働を提供している. ゆえに, もし介護に労働力をとられると, たちまち産地が立ち行かなくなるという営農問題を抱えてきた地域であるといえる.

　表 3-5 から確認されることは, 農業労働力の女性化が進み, 特に農業従事150日以上の基幹労働力の過半が女性である（特に1990年には6割超が女性）ことと, それに比例するかのように農家における60歳以上の家族比率が急増し, 1995年にはついに1/3以上が60歳以上になっていることである. 当麻町農業にとって, 営農問題と高齢者介護問題が表裏一体であることがよく示されている. こうした客観的な状況と女性組織率が高いという主体的な条件が, 次節で明らかにするような高齢者福祉活動・事業につながって行ったのだと理解される.

補論　良質米産地形成におけるボランタリズム

　第1章第3節・補論として述べたように, 「契約的」共販とはメンバーの

信頼を再生産し，ボランタリーな組織を日々，新たに創ってゆく事業方式と評価できる．当麻農協の良質米販売事業は，この「契約的」共販システムへの発展途上段階にあると思われる．当麻農協における別の事業分野のボランタリズムの「芽」として，米販売事業にここで触れたい．

先に述べたように，良質米産地としての諸条件に恵まれていた当麻農協であるが，1980年代までの上位等級米（1等米）比率はむしろ近隣より低く，1990年代になって初めて100％近い上位等級米を生産するようになっている．高品質米の生産・出荷にも農協をあげて取り組み，先に述べたように，2000年度産米は全量が「高品質米」基準に合格している．高品質米生産は厳しい栽培基準を忠実に守り，手間をかける必要がある．これを支えたのが，生産者組織の存在である．

1995年（完成は97年）に当麻農協は単独でカントリーエレベーターを設置している（表3-6）．他の広域産地の中核施設と比較しても遜色のない施設であり，95年（食糧法施行の年）という早い時期に設置されたことの意味は大きい．また，他の広域施設と異なって単協自身が事業主体であるために，投資の回収，そのための施設稼働率の向上が極めて重要である．当麻農協の組合長はこの点について「農家個々が持っていた乾燥機を手放してもらいました．こうした既存の機械で半乾燥してから，カントリーエレベーターに入れる方式が多いのですが，これでは農家のコストが下がりません．生のままカントリーに入れる構想を立て，実行したわけです」．また，利用料金を安く設定し，「当施設は，現在100％近い利用率」となっていることを強調している．

ただし，当麻農協は単独でカントリーエレベーターを設置したが，単独販売を強化するよりも，ホクレン「広域産地形成」の一角として，高品質米に取り組むという方針を採っていると思われる．すなわち，リスクの大きい単協独自販売よりもホクレンの販売力，確実な代金回収・精算能力を利用し，実需から産地指定を受けることで当麻町ブランドを確立しようという方向であろう．そのために，2000年からは，食品への異物混入に過敏になってい

表3-6 広域産地形成に応じた大型米穀集出荷施設

年度	広域産地名 (立地)	区 分	事業主体	処理能力(t)	低温装置	色彩選別機	物流合理化		
							フレコン	30kg紙袋	純ばら対応
1995 (98)	上川中央部 (鷹栖)	カントリー エレベーター	上川RT(株)	10,094		○	○	○	○
1996	北 空 知 (深川)	ライス ターミナル	深川市	12,000	○	○	○	○	○
1997	上 川 北 部 (名寄)	ライス センター	上川RT(株)	2,500	○	○	○	○	
1997	上 川 南 部 (中富良野)	カントリー エレベーター	上川RT(株)	4,000	○	○	○	○	○
1999	渡島・檜山南部 (大野)	カントリー エレベーター	大野町	6,300	○	○	○	○	○
2000	石 狩 (当別)	カントリー エレベーター	当別町	8,000	○	○	○	○	○
2000	胆 振 東 部 (厚真)	カントリー エレベーター	厚真町	9,000	○	○	○	○	○
2000	南 宗 谷 線 (和寒)	カントリー エレベーター	和寒町	7,463	○	○	○	○	○
1995	当 麻 町	カントリー エレベーター	当麻農協	5,100		○	○	○	

資料：ホクレン資料より作成．

る世情に対応し，「異物除去」にいち早く取り組み，米のブランド化を進めている．

さて，2001年12月に北海道農協米対策本部によって発表された「米産地ランキング」において，当麻町は117市町村中1位となっている．特に反収の変動係数が最も低いこと，「高品質米」比率が全道で2位であることが決め手となっている．すなわち，収量を犠牲にしても高品質米をめざすという生産者の意思決定が評価されたのだといえよう．

そもそも統制的「共販」が成り立つのは，権力の存在が明確な場合のみであろう．敗戦直後の統制経済の下，当麻町では米の供出についての強権発動で30数人が留置所に留置され，集落単位での完全供出が強要されたという．

第3章　女性部助け合い組織と事業創造

GHQがジープで乗り付けて銃を向けるほどのあからさまな強権発動は，その後ありえなくなったが，食管法に違反してヤミ米を出荷することは，地域での補助事業導入等にマイナスになることが容易に予測され，間接的な意味で行政権力が食管制度の維持に効果を持っていたといえよう．

　一方，農協の事業方式であり，組合員の運動としての「契約的」共販が成り立つ条件は，経済的なメリットの存在と明確な運動目標の存在であろう．優秀な生産者が次のように経済行動を選択し，共販に積極的に関与・参加することが，共販の成功につながるはずである．すなわち，個別に販売すればより高い価格を実現できるかもしれず，共販のための生産者組織・農協運営に要するコストを削減すれば，より合理的な経営を営めるかもしれないが，中長期的にみれば，そうではない（逆である）という経済的判断である．共販という手段を用いて産地形成に成功したほうが，自らの農業経営にとってもプラスになるという見通しを持ち，経済行動を選択するというあり方といえる．また，一地域住民として，望ましい地域社会を維持・発展させるために地域の農家経営を守ることが重要になるという価値判断も重要である．以上の視点からいうと，当麻農協の米共販の取り組みは高く評価されてしかるべきであり，「契約的」共販確立の途上にあるといえよう．ただし，これは米行政のいかんによっても，経済連の販売戦略のあり方によっても左右されるものであり，予断を許さない部分も多い．

第2節　助け合い組織の到達点

1.　ホームヘルパー養成と女性部助け合い組織の結成

　当麻農協女性部の有志は，1992年から北海道農協中央会主催のヘルパー養成講座（旭川地区＝上川支庁管内）に参加し始めた．北海道は，ホームヘルパー養成とその活用において，全国的に見て後発地区ではあるが，2000

年度までに3級1,299名，2級655名（うち229名は3級資格も取得済み）の有資格者が誕生している．旭川地区では，十勝地区と並んで最初（1992年）に講座がスタートしたため，その養成数は3級272名，2級91名と十勝地区とともに最も多い．これは，中核的な厚生連病院が旭川と帯広にあることと大いに関連している．

　旭川厚生病院は，1940年に上川医療利用聯(連)合会として発足した，道内でも古参の病院である．当時の道庁・医師会の反対によって難産の末に設立された病院であり，戦時中の農業会時代には同病院内に，農村医学研究所を設置して，農村における保健衛生の指導，「民族力増強に対する方策」の研究等を担う一方，「病院内に附属保健婦養成所を設置し，農山村勤務を条件に，第2種保健婦の正規養成（年60名）を実施し，初年度（1945年—筆者注）には21名の修了者を市町村農業会に配置した」[8]という歴史を誇る．ホームヘルパー養成にもっとも熱心な厚生病院であることは，こうした歴史と無関係ではなかろう．

　とはいえ，旭川地区の農協数が36農協（1995年当時，なお2001年12月現在は合併が進行して27農協）と多かったので，受講希望者が受け入れ可能人数を慢性的に上回る状況であったという．当麻農協では初年度の92年より受講希望者を募って選考し，毎年，有資格者を養成してきた．当初は3級既取得者しか2級課程を受講できなかったため，3級課程と2級課程の両方を受講する必要もあって，5年間でようやく8名が2級資格を取得した．この8名に資格取得を希望中であった2名を加え，女性部長I氏を会長に10名の創立メンバーで，1997年7月に高齢者助け合い組織「ほほえみ会」が結成された．

　「ほほえみ会」は，町内の特別養護老人ホームやデイサービスセンター，町立国保診療所などでシーツ交換や車椅子での外出介助などのボランティア活動を開始していた．この活動を通じ，行政・社協中心の地域福祉・ボランティア活動が組み立てられている当麻町において，農協側の意欲・力を効果的に知ってもらうことができたといえよう．

さらに，当麻農協女性部の特徴的な取り組みは，1999年11月から翌年3月にかけて，自前のヘルパー2級養成講座を開催したことである．前述のように，希望者が必ずしも講座をすぐに受講できない状況があり，I女性部長が対応策を働きかけたことが，次の展開を生むことになった．厚生連などにも相談しながら自前の講座に協力してくれる組織を求めた結果，旭川市に本拠を置くH高齢者生協（高齢協）と提携することとなった．

H高齢協は，H労働者協同組合（任意団体）を母体に1996年に誕生した組織であり，1999年9月に消費生活協同組合法に基づく「生協」組織として再発足している．伝統的な協同組合の事業は，組合員の購買・販売活動あるいは信用・共済等，組合員にとって経済的なメリットを実現することに重点が置かれている．これに対し，労働者協同組合・高齢者生協は，「仕事起こし」をスローガンに組合員自らが働く場を創造し，働くことそのものが協同組合の事業になる点がユニークである[9]．労働者協同組合は主として建設業・清掃業（ビルメンテナンス）・給食調理等を手がけ，高齢者（障がい者）福祉分野を主な事業分野とするのが高齢者生協である．

H高齢協の生協創立時点での組合員は1,345名，道北地域のみでなく，道央・道東・道南の各地域組織を広げ，1999年度（1999年10月～2000年3月）事業高は4,000万円弱であった．このうち，ホームヘルプ事業およびデイサービス等の通所サービス事業が計40%，ヘルパー養成講座を中心にした人材養成事業が58%，のこりがその他の生活文化事業や供給事業である．初年度におけるヘルパー養成講座が高齢協の事業に占める比重は極めて大きかったことが分かる．1999年度の養成講座は3級講座6回（6市町131人），2級講座17回（11市町811人）であり，当麻農協の講座は後者に含まれている．

H高齢協は単に養成講座を収益源とするのではなく，良質の講座で養成された質の高いホームヘルパーを増やすことで，「仕事起こし」の理念を持って高齢協の福祉事業に当たるスタッフの確保も図っていた．さらに，直接は高齢協にかかわらないまでも，優秀な有資格者を地域に送り出し，結果と

して地域の社会福祉そのものをレベルアップするというねらいもあろう．ホームヘルパー養成講座は，形式的には厚生省監修のテキストに沿った講義と実習を所定の時間数だけ行えばよい．しかし，良質な養成講座は，単に知識と技術を授けるだけでなく，社会福祉全般に視野を広げ，限られた制度の中でも主体的に状況を改善して行こうという人材を育成するはずである．H高齢協の養成講座は，1つには当該地域の福祉・医療の最前線で日々活躍している講師を選定し，実習も当該地域の事業所に依頼することで，地域の実情をよく理解させるものである．もう1つには現状の社会福祉制度・医療制度に問題意識を持ち，また制度改革を目指しているような講師を選び，社会福祉の問題点と課題を熱意を持って伝える講座であると評価できる．

当麻農協においては，1999年11月に53名の参加者を得て，ホームヘルパー2級養成講座が開始された．これは，女性部が講座を委託，高齢協の責任で講座を実施するという形式である．ほほえみ会および女性部（農協）は女性部員に参加を促し，チラシや有線放送で女性部員外でも受講者を募集し，講座開催に備えた．受講者の中には農協職員も含まれており，関係部署の職員が業務として受講するほか，希望があれば他部署の職員の受講も許されている（後者は実費負担だが，受講中は業務免除扱い）．

この講座の人気は通いやすさと講習費用の安さに裏付けられている．すなわち，旭川の通勤通学圏に位置するとはいえ，多くの主婦が旭川まで通って100時間の講習（58時間の講義・42時間の実技講習）に参加するのは容易なことではない．当麻農協の講座は，受講者たちが慣れ親しんでいる農協本所会議室で開催されたうえに，土日を中心に日程を組み，ウィークデーも曜日をほぼ固定するなど，主婦にとって参加しやすいような工夫がこらされている．その結果，病気で倒れた1名を除き，52名が修了証を手にすることができた．また，講習費用は55,000円と民間の講座としては格安であるが，この水準は，町内の行政職員や社会福祉法人職員を中心に講師を依頼し，農協会議室を無料で使用可能なことから実現できている．さらに，単に資格を取得するだけでなく，講座を通じて地元の地域福祉の状況をよく理解し，地

元の福祉施設で実習を行うことで人的なつながりも形成された．2000年12月に筆者は講座の1つを見学したが，講師は旭川市を本拠地とする医療法人（医療法人ではあるが，運営方式は医療生協に近似）のソーシャルワーカーであり，テキストの記述の社会的な背景や，講師自身が直面してきた諸問題を平易に解説し，問題意識を喚起するような良質の講義であった．

以上から町内で講習会を開く意味は非常に大きく，2000年度も32名が集まって2級資格を取得，2001年度も25名が取得している[10]．ただし，2年目以降は，講座を採算ラインに乗せるには，町内の希望者では人数が十分ではなかったという．そのため，町外の受講生をも対象にしたいという意向が主催団体より出され，一部は近隣の町の住民を受け入れている．農協としてもかなり柔軟な対応をしたということであるが，単なる人数の確保のためだけでなく，町外の受講者には近隣の農協女性部員が含まれており，当麻農協の取り組みを周辺に波及させる効果もある．

こうして養成された人材のうち，ボランティア活動や農協の福祉事業に参加可能な人材が，高齢者助け合い組織「ほほえみ会」に加入し，当初10名でスタートした組織が，2000年12月初めの時点では62人に，2001年1月末には73名に拡大している．この組織拡大に効果的であったのは，養成講座の終盤に「ほほえみ会」入会案内を配布し，町内の受講者はほぼ全員に加入届を出してもらっていることである．さらに，「ほほえみ会」は，会員資格を女性部会員・組合員家族に限定せず，幅広く人材を求めている．この結果，農繁期においても実働可能なスタッフを確実に確保することができ（この点は後述），これが2000年4月からの訪問介護事業と配食サービス事業をスムーズに進める原動力となった．なお，「ほほえみ会」加入者は自動的に女性部のメンバーとなるというのが原則である．

「ほほえみ会」は毎月の定期的な集まりを欠かさず開いている．集会では，定期的なボランティアと高齢者福祉事業（ホームヘルプおよび配食）担当の割り振りを打ち合わせ，地域の社会福祉の状況を学び，時には技術講習会を行って，組織の結集力を維持している．当麻農協「ほほえみ会」の特徴は，

事業が本格化してもボランティア活動を従前どおり持続している点である．ただし，事業に主に関わるメンバーとボランティアに主に関わるメンバーは分化しつつあり，意識の差の克服が次の課題となってこよう．

2. 助け合い組織メンバーの属性

表3-7に示したのが，ほほえみ会の組織概要である．近隣の1～3地区ごとに班を編成して班長を選び，班が意思決定と活動の基礎単位になっている．

表3-8は，2001年6月にほほえみ会の定期的な集まりの場を利用し，留置式でアンケート調査[11]をお願いした結果を取りまとめたものである．6月は農繁期であることから集まりの出席率がやや低く，回収はほほえみ会会員

表3-7 当麻農協ほほえみ会の組織

班	地 区	人 数
1	T地区1～4区	11
2	T地区5～7区	14
3	I地区	9
4	U地区(3)・Ho地区(5)・R地区(5)	13
5	K地区	9
6	Hi地区(3)・市街(14)	17
合 計		73

資料：ほほえみ会定期総会（2001年）資料．
注：1) 数字は2001年1月27日現在．
　　2) 地区名の後に括弧書きしている数字は，地区毎の人数内訳．

表3-8 メンバーの農協講座への参加状況
(単位：人)

農 協 講 座	計
1999年度受講	26
2000年度受講	11
受講せず	6
総 計	43

資料：アンケート調査集計．
注：「受講せず」6名中，資格未取得者は2名であり，4名は他所で資格を取得済みである．

第3章 女性部助け合い組織と事業創造

表 3-9 メンバーの年齢層と家庭内立場

(単位:人)

年齢	家庭内立場				
	世帯主の妻	後継ぎの妻	その他	無回答	総計
20代			1		1
30代	1	1	1		3
40代	12	2	1		15
50代	16	1			17
60代	6			1	7
総計	35	4	3	1	43

資料:アンケート調査集計.

　73名に対し,43名分であった.また,短時間での記入をお願いしたので,回答率の低い項目もあり,調査結果の分析にはやや注意が必要である.回答者は2名を除き,ヘルパー2級資格を取得済みであり,同表に示すように,過半の26名が1999年に受講し,翌年度に11名が養成講座を受講してほほえみ会メンバーになっている.

　メンバーのキャラクターを示すために,年齢層と家庭内での立場を表3-9で明らかにした.50歳代の世帯主の妻が最も多く,次いで40歳代の世帯主妻という立場のメンバーが主流である.表出はしていないが,3世代家族である「拡大家族」に所属する者が43名中29名であり,特に「拡大家族の世帯主の妻」として,親世代の面倒を見る立場の会員が23名を占めている.さらに,すでに家族内に介護を要する家族がいる人が7名いて,介護保険における要介護度5および4という重度の要介護家族も各1名いる.すなわち,ほほえみ会は,高齢者介護の問題がまさに自分の問題である,あるいは近い将来の確実な問題であるという「当事者」組織であることが注目される.

　さらに,表3-10および3-11は,ほほえみ会メンバーの農家としての状況を尋ねた結果である.無回答があるので,正確には判断できないが,「農家ではない」と自己認識しているメンバーは43戸中10戸程度であり,自給的農業を営む兼業農家が7戸程度と推測される.稲作のみ(畑作物・飼料転作を含む)という農家は7戸であり,稲作にハウス野菜(スイカを含む)・花

表 3-10 メンバーの農家としての状況

(単位:戸)

専兼別	農業類型							総計
	稲作専業(転作含む)	稲作+露地野菜	稲作+ハウス野菜	稲作+ハウス花卉	その他	自給的農業	無回答	
専 業 農 家	2		2					4
農業収入中心の兼業農家	2	1	3	2	3		3	14
農外収入中心の兼業農家	3		2	1		6	2	14
無 回 答			2			1	8	11
総 計	7	1	9	3	3	7	13	43

資料:アンケート調査集計.

表 3-11 メンバーの居住地区別農家状況

(単位:戸)

専兼別	居住地区								総計
	市街地	T地区	U地区	I地区	Ho地区	Hi地区	K地区	R地区	
専 業 農 家		3	1						4
農業収入中心の兼業農家		5		1	1	1	4	2	14
農外収入中心の兼業農家		8	1	2	2			1	14
無 回 答	1	5	1	2			1	1	11
総 計	1	21	3	5	3	1	5	4	43

資料:アンケート調査集計.

卉を加えた複合的農家が多いこと,さらにそのなかでも兼業よりも農業に比重を置いた「専業的」農家が目立っている.また,表 3-11 で地区別の農家状況を示したが,メンバーの中心的な位置にある T 地区(市街地隣接)では 1/3 強が専業もしくは農業収入中心の兼業であり,2/3 弱が兼業中心等となっている.一方,市街地から離れた戦後開拓地である K 地区や R 地区では,回答者の過半が農業収入中心の兼業と答えており,農業の比重がより高い.

次に,表 3-12 で確認されるのは,ほほえみ会会員における正組合員比率の高さである.女性農業者の正組合員化が農協系統でも運動課題として位置づけられている.2000 年に開催された第 22 回全国農協大会決議では,2004 年までに正組合員における女性比率を 25% 以上とする計画であるが,その

表3-12　メンバーの組合員としての状況

(単位：人)

農業従事状況	組合員の状況（自分自身）			
	正組合員	正組合員ではない	無回答	総　計
農業従事あり	26		1	27
農業従事なし	3	7		10
無　回　答	1	1	4	6
総　　計	30	8	5	43

資料：アンケート調査集計．

達成は困難視されている．しかし，当麻農協では女性正組合員比率が41％（99年度）と非常に高く，さらにほほえみ会では農業に実際に従事している会員27名中，実に26名は正組合員となっている点は注目に値する．

3. 助け合い組織の運営方法とボランタリズム

　先に述べた配食サービスの恒常的な調理担当者たちは調理が得意であり，小規模な兼業農家などの主婦であることもあって，農繁期でも週5日の調理のため，昼間の時間を取ることが可能である．一方，配達および弁当箱の回収は，専業農家を含むほほえみ会の会員が地区ごとに3グループ（表3-7の班を①1・2・4班，②3・6班，③5班，とグループ化）で分担している．配達・回収は夕方17〜18時，朝7〜8時と，ちょうど農家の主婦にとって最も多忙な時間帯に重なるので，負担感がある．そこで，一方的に配達・回収方法を決めるのではなく，班ごとに自主的に分担ルールを作成している．すなわち，班ごとの話し合いによって，曜日ごとのローテーションを組んだ班もあれば，1カ月交替の専任制をとったところもある．実際に配達・回収に回ってみると，大変ではあるが高齢者に非常に歓迎されて満足感を得，他方では夕方や朝であっても社会的活動のためにメンバー（主婦）が家を空けるのは当たり前という合意が，家庭内で形成されたという．

　このことは，瑣末なことのように見えるが，実は大きな問題の存在とその

解決策を示唆している．第2章において見たように，農協の高齢者助け合い組織は，農協女性組織を母体にヘルパー養成が進められた成果に他ならないが，「女性の活動である」ことがやがて活動の足かせになるというパラドキシカルな問題に直面しがちである．すなわち，資格取得はまず，女性組織のメンバーが，自分自身が家族を介護する準備として進められ，さらに社会的に意味のある活動をしたいと思う気持ちが高まり，助け合い組織が結成される．しかし，ボランティア活動を進めようとしても，主婦規範に強く規定されると，農家の主婦が家事労働を「行うべき」時間帯や農繁期にはほとんどボランティアの担い手がおらず，ボランティアへの潜在的需要がありながらも，実際の活動は低調に終わることになりかねない．もし，これを無理に進めようとすると，「家庭に皺寄せしてまで，活動をすることはない」という非難が生じる可能性が高い．

　当麻農協「ほほえみ会」も，この問題に無縁というわけではなかった．しかし，「農家の女性の果たすべき役割」を固定的に捉えずに，助け合い組織の活動を柔軟に組み立てたことで，問題のかなりの部分を解決したといえよう．これは，現場（地区毎の班）に権限を委譲し，決定権を実働メンバーに委ねたことで可能になった．また，小規模な兼業農家の女性や市街地の主婦を恒常的な活動メンバーとして確保し，一方で多忙な専業農家の主婦も参加できる活動方法を作りあげた点が注目される．結果として，無理がなく，しかし，これまでのジェンダー観を自分たち自身で揺り動かすような取り組みとなった点が評価できる．このことは，ボランタリズムの実現にとって大きな意味を持つものである．

　ところで，これらの事業を進めたキーパーソンは，女性部部長兼「ほほえみ会」会長のⅠ氏である．Ⅰ氏は，1987年に若くして（40代で）当麻農協女性部長に就任した．現在は全道女性協議会会長を務め，全道の女性組織活動をリードする存在である．さらに，2000年のJA理事（補欠）選挙で地区割の理事枠から選出された，北海道内唯一（2001年現在）の女性JA理事でもある．Ⅰ氏がリーダーシップを発揮したからこそ，上記のような取り組

みが可能になったことは疑いない．ただし，そのリーダーシップを生かす条件として，組合長・理事会の理解と，女性達が力を貯えてきた組合員組織の在り方があったといえよう．前者について付言すれば，理事の配偶者達が率先してヘルパー資格を取得，「ほほえみ会」に参加してきたことが，理事会の前向きな意思決定を側面から支援したようである．また後者については，前述のように女性正組合員が珍しくなかったこと，作物別の生産者部会等でも女性が熱心に技術講習会や集出荷施設での規格打ち合わせの立会等，部会運営に参加する風土があったことが関係している．また，女性部組織がメンバーを農家に限定せず，活動をともにしようとする市街地の女性にも門戸を開いてきたこと，さらに，女性部（婦人部）が，貸衣装事業に町内の貸衣装店と提携して取り組み，資力を蓄えてきたことも付言しておきたい．

第3節　当麻農協の事業創造過程

1. ボランティア活動から高齢者福祉事業への発展

　当麻農協の高齢者福祉事業を管轄する部門は，総務課内にあり，当初は考査役1人がこれを統括した．また，訪問介護分野は総務課内に訪問介護事業所として机数個分のスペースを設け，サービス提供責任として有資格者（介護福祉士・ヘルパー1級他）を新たに外部より正規職員として雇用し，常駐させている．なお，2001年3月1日からは業務機構改革の一環として総務課内に福祉係を設け，課長補佐が係長を兼務する体制に転じ，主任ヘルパーは訪問介護だけでなく，配食サービスやボランティア活動を含むほほえみ会の活動全般を管轄することになった．
　ところで，高齢者福祉事業を開始するにあたって，当麻農協は3年次にわたる事業計画を「平成12年度事業計画書」に明らかにしている．保険収入を中心にした収入は150万円から250万円へと増加する見通しであるが，事

業損益（考査役人件費は含まず）は3年目でもマイナス200万円を下回る予測をしており，厳しい見通しの中で，あえて正職員を投入し，事業を開始したことが読み取れる．配食サービスについては町行政の委託であり，町予算で運営費部分を負担し（施設費260万円，人件費40万円/月），農協の持ち出しはないはずであるが，現実には厨房等の改装にかなりの負担をしているようである．

訪問介護事業は基本的に登録ヘルパー制度により，ほほえみ会会員がサービスを提供する形態である．サービス提供責任者I氏はコーディネーターとして調整に当たるほか，場合によってはI氏自身がヘルパーとなって，繁忙時間帯に対応している．JAの訪問介護事業を利用してもらうには，あくまでも町健康課のケアマネージャーがケアプランに組み込んでくれることが前提となるが，ゼロから始まった利用者が2001年1月現在で登録者13名まで増加している．この中には，配食サービスの利用者などから評判を聞き，拡大したものもあると考えられる．

一方，行政委託の配食サービスの利用者は，申請に基づいて行政が選定する[12]が，その人数は50名（2001年1月末日現在）に達している．利用者には週に3回，保温弁当箱に詰めた手作り夕食（材料費350円は利用者負担）が届けられている．このサービスでは，夕刻17時から18時の間に弁当を配達し，翌朝に弁当箱を回収するため，都合，週6回，ほほえみ会の会員が利用者と顔を合わせ，言葉を交わすことになる．つまり，これは単なる配食サービスであるばかりでなく，お年寄りの安否確認役割を兼ねている．現に，弁当配達時に体調の悪化を訴えていた利用者について，翌朝の弁当箱回収時にさらに体調が悪くなっていることを確認，すぐに町の保健婦に連絡をとった結果，緊急入院となった例もある[13]．

調理と盛り付けは，かつての結婚式場であった農協事務所3階を改装してスペースを確保している．実は，府県の先進事例では遊休施設を活用して活動・事業を始める例が多く，当麻町の試みは「セオリーどおり」だといえよう．ただし，小会議室を1つ転用して配膳場所に当ててはいるが，保温弁当

箱が大きいため意外に場所をとり，1日30食程度が最大であって，すでに施設としての容量は限度に近い．また，店舗・事務室として利用している建物の3階であるため運搬が大変であり（リフトは増設されたが），施設としては近い将来になんらかの対策が求められることになろう．調理・配達はすべてほほえみ会の会員が担当している．このうち，調理は固定的なメンバー3人が担当し，1時間700円が支給されている．一方，配達および弁当箱の回収は，ほほえみ会の会員が交代制で分担（後述）し，手当ては1時間550円＋自家用車のガソリン代である．これらの手当ては，調理担当者は固定的な雇用に近いため一般的なパート賃金なみ，配達・回収は有償ボランティアに近い活動として，パート賃金をやや下回る手当てであると考えられる．

2. 高齢者福祉事業の実績と今後の課題

こうして，当麻農協高齢者福祉事業の2000年度実績は表3-13に示すとお

表3-13 当麻農協の高齢者福祉事業の実績（2000年度）

（単位：食，日，円）

	配食サービス		訪問介護		合計
	食数	日数	介護保険収益 (国保連請求)	介護報酬 (利用者1割負担)	
2000年4月	31	3	38,106	4,234	42,340
5月	234	15	13,257	1,473	14,730
6月	645	22	178,209	19,801	198,010
7月	565	21	193,788	21,532	215,320
8月	558	23	190,935	21,215	212,150
9月	555	21	158,706	17,634	176,340
10月	588	22	185,562	20,618	206,180
11月	541	22	187,776	20,864	208,640
12月	557	21	343,377	38,153	381,530
2001年1月	489	20	436,401	48,489	484,890
2月	460	20	360,040	40,004	400,040
3月	526	22	173,430	19,270	192,700
合計	5,749	232	2,459,587	273,287	2,732,870

資料：当麻農協資料より作成．
注：2001年度の実績は，配食数5,014食・配食日数255日，訪問介護収益3,445千円．

表 3-14　当麻農協における高齢者福祉事業の損益（2000 年度）

(単位：円)

	収支内訳	配食サービス	訪問介護
収　入		5,720,460 （福祉助成金）	2,140,130 （介護保険）
支　出	労務費 教育研修費 業務費 食材費 減価償却費 雑　費	2,947,226 1,568 1,339,556 1,394,107 0 31,897	2,819,476 606,118 601,262 292,585 22,104
	合　計	5,714,354	4,341,545
差し引き収益		6,106	−2,201,415

資料：当麻農協資料より作成.
注：1）　2000 年度とは 2000 年 2 月〜2001 年 1 月を意味する.
　　2）　労務費は配食サービスについてはほほえみ会会員の報酬.
　　　　訪問介護については会員報酬＋主任ヘルパー人件費.
　　3）　2001 年度は，配食サービス収入 6,578 千円，同支出 6,511 千円，差し引き 67 千円，訪問介護収入 3,445 千円，同支出 6,951 千円，差し引き −3,506 千円である.

りである．配食サービスは月間 500 食台で安定的に推移し，訪問介護は緩やかに伸張した後，年末に大きく伸び，春先にかけて減少している．これは，体調を崩した高齢者が通院介助を求めて利用する影響であるという．現在のところ，日常の家事援助・身体介護は社会福祉協議会のホームヘルパーが対応し，通院介助を JA ホームヘルパーが担うという分担関係が自然にできてきたようである．しかし，このことは事業量が伸び悩むことを意味し，事業損益面での困難さをもたらす．加えて，2001 年度 6 月からは送迎車に乗車中の時間は介護保険の対象外となったため，通院介助として計上できる時間は乗車・降車の際のわずかな身体介護時のみであり，さらに損益的には厳しい状況である．

　2000 年度の損益状況は表 3-14 の通りであり，行政委託の配食サービスはほぼ収支均衡しているが，訪問介護は 220 万円の損失を計上し，他部門からの補塡を受けることになった．しかし，当初予算では 360 万円の損失を予測していたことと比較すると，収入は予算以上，支出は予算を下回り，好決算

であったと評価してよい．ただし，厳しく見ると考査役（2001年度からは係長）の人件費は表には含まれず，採算ベースに達して，事業として定着するには一層の収支改善が必要であろう．

このような状況を踏まえると，当麻農協の例が一般化するには，助成制度の強化が必要でないかと思われる．当麻農協は営農関係事業で「攻めの姿勢」を保ち，営農指導部門などで多少の欠損が生じようとも動じない経営をしてきたからこそ，高齢者福祉事業の開始を決断することができたと思われる．しかし，そうでない農協や，現に欠損や固定化債権に苦悩している農協では，決断はきわめて困難であろう．やはり，本格的にこの分野の事業を発展させるには，行政や農協連合組織の助成措置を求めたいところである．

現時点としては，当麻農協の高齢者福祉事業は着実に進展しているといってよい．この事例から明らかとなった点は，組合員の組織活動を基盤とし，役職員をあげて取り組んだ事業の安定感である．特に，自前のホームヘルパー養成講座の意義が大きい．すなわち，自前のホームヘルパー養成講座は大量の有資格者を誕生させ，資格取得過程で当麻町地域福祉の現状を理解し，関係者との人的つながりも形成されるという副次効果を生んだ．当麻町は行政・社協中心の地域福祉サービス事業・ボランティア活動が熱心であることに特徴があるが，そうした中で農協側の意欲，力を効果的に知ってもらうことができたといえよう．そして，良質の講座で養成された意欲のあるヘルパーが，現場に権限を委譲され，自主的に活動を進めたことがプラスに作用したといえる．当麻農協では，ボランティア活動と福祉事業に同時並行的に取り組むことで，ボランタリズムが十分に醸成されたといえる．

注
1) 以上は北海道［2002］による．
2) 葬儀を執行する等の機能は，第1章の1で相川［2000］に基づいて検討したような介護の問題と異なり，伝統的に集落が担ってきたものであるが，この機能を維持できなくなったことは，広義の福祉問題に位置づけられる．
3) 寺本［2001］による．

4) 日本経済新聞 [2001], 北海道新聞 [2001b] 参照.
5) 北海道協同組合通信社 [2001] 参照.
6) 札幌に本社を置く(株)ハドソンが, 自爆するゲームキャラクター（ボンバーマン）の販売戦略にでんすけスイカを活用している.
7) 北海道新聞 [2001c].
8) 北海道協同組合連合会史編輯委員会 [1959] 232ページ.
9) 高瀬 [1996] 参照.
10) 2000年度以降の主催団体はH高齢協ではなく, 民間の福祉団体である. これは, 1999年度に高齢協の担当者であったM氏が退職・移籍した先の民間福祉施設であるが, 講座のねらい, 内容は基本的に同じである.
11) アンケート用紙を巻末に添付した.
12) 選定の基準は, 75歳以上の1人暮らし, 75歳以上の方がいる高齢者のみの世帯, 1人暮らしの身体障害者, それらに準じる世帯で食事を作るのが困難な場合等となっている. 以上, JA北海道厚生連広報誌 [2000] 参照.
13) ニューカントリー編集部 [2000c] 参照.

第4章 ボランタリズムの可能性と業務組織の創造
―栃木県はが野農協の事例に即して―

第1節 はが野農協と地域の概況

1. はが野農協管内の概況

　本章では，第2章で明らかにした高齢者福祉事業の類型のうち，タイプⅢの最先端に達している栃木県はが野農協を取り上げ，分析する．はが野農協は，2002年現在，全国の単位農協の中で事業額トップであるが，ここでは，規模の大きい事業を創り上げたことに注目するだけではない．同農協の100人以上のスタッフ達が，自らの仕事の社会的意義を考え，地域の医療・福祉ネットワークと連携して，フォーマルなボランタリー組織として活躍しているあり方を明らかにしたい．とりわけ，ボランタリズムとプロフェッショナリズムを両立させる業務組織のあり方を追及するものである．

　はが野農協は栃木県南東部に位置し（図4-1参照），1997年に1市5町の郡単位で統合した広域合併農協である．管内は関東平野の北東端に位置し，西部の鬼怒川およびその支流沿いの平場はよく整備された水田地帯となっている．この平場地帯ではかつて19世紀前半に，二宮尊徳が二宮町の桜町陣屋を拠点に報徳仕法を実践し，荒れた農村を村民参画の地域開発手法で蘇らせたという逸話で有名である．

　一方，東部には河岸から一段あがった台地が広がっており，現在でも「芳賀台地に水を」という看板が目に入るほど，水利に恵まれない畑地を多く抱

えている．なお，この地域の益子町では良質の粘土を用いて陶芸を発展させ，全国的にも有名な「益子焼き」として，独自の産業を築くのみでなく，ユニークな文化の発信基地を形成している．また，地区最東部である県境の山間地では，険しい八溝山系に刻まれた長い沢沿いに，耕地と小さな集落が点々と連なり，車の入れないような急傾斜地にも家屋が点在している．

　管内はかつて，米とタバコ・コンニャク等の畑作物を主とした農業地帯であったが，1960年代より平場に工業団地を次々に造成し，産業構成の転換を図ってきた．東京から100キロ圏に位置しながらも低廉な地価を売り物に，工場誘致を積極的に進め，地元中小企業ばかりでなく，大企業の工場誘致にも成功し，豊富な兼業機会を創出した歴史を持つ．最東部の山間地でも大手自動車メーカー関連のサーキット場が誘致され，観光施設としても大きな意味を持っている．また，地区西部は県都宇都宮市に隣接し，宇都宮市での就業者が多いだけでなく，ベッドタウンとしての開発も進行していることも，見落としてはならない．

　さらに，「第3セクター方式」（県・沿線自治体・民間企業が出資）の真岡鉄道が地区を西から東北にかけて横断していることも，地域の独自性を生み

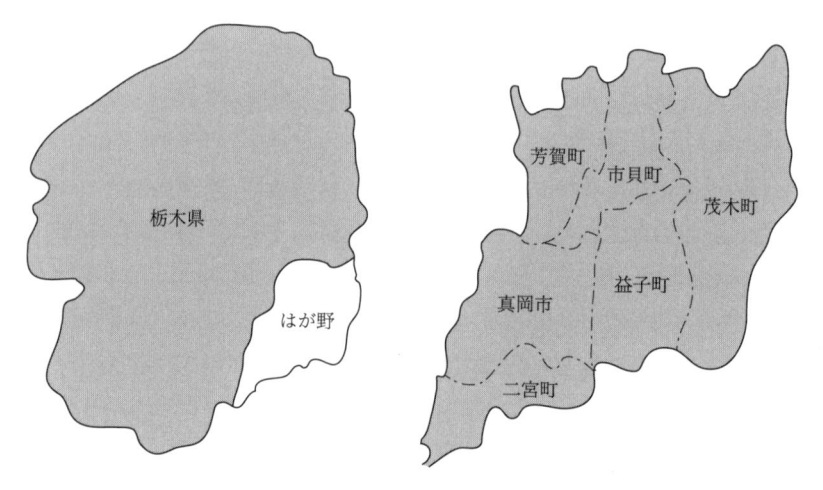

図4-1　はが野農協の位置

出している．茨城県下館市を基点に東に伸びる真岡鉄道の路線は，そのほとんどがはが野農協管内にあり，二宮町・真岡市・益子町・市貝町を経由して茂木町が終着である．経営基盤の極めて弱いこのローカル線は常に存続問題に直面してきたが，地域をあげて「SLを走らせる」企画を進め，土日や夏休み期間にSLを走らせる企画を7年間持続してきたことで有名である．はが野農協の第3回総代会資料の表紙は，満開の菜の花の中を走るSLの雄姿で飾られており，鉄路が地域のシンボルであるとともに，地域をつなぐ力を作っているともいえる．

2. はが野農協の組織・事業の特徴

はが野農協の概況（表4-1）は，2000年度末現在で正組合員農家が15,423戸，正組合員18,474名（個人のみ），准組合員3,509名（個人のみ）である．本所所在地は人口6.2万人の真岡市であり，貯金高1,400億円・長期共済保有額1兆1,840億円と都市近郊農協的な面もあるが，同時に米と青果物を中核とした地域農業をよく保持してきた農協でもある．販売高222億円の内訳を見ると，米類販売高80.7億円を果実（イチゴが大部分）83.3億円がしのぎ，野菜31.6億円がそれらに次いでいる（表4-2）．特にイチゴは栃木イチゴの主産地として全国各地にイチゴを出荷，日本農業賞をはじめとした全国レベルの表彰を受ける優秀な生産者が活躍している．

正職員は579名，常雇臨時職員が136名であり，5部1室・6事業所（合併前各本所）の業務組織となっている．こうした中で生活福祉部門は全国的

表4-1 はが野農協の組織概要（2000・2001年度末）

（単位：人・戸）

年度	正組合員数（個人）	准組合員数（個人）	正組合員戸数	青壮年部部員数	女性部部員数	役員数（理事）	役員数（監事）	職員数
2000	18,474	3,509	15,423	413	2,944	33	7	579
2001	18,499	3,540	15,392	413	2,707	33	8	502

資料：はが野農協資料．
注：2001年度の職員数減少は主として自動車・燃料部門が別会社に移行したためである．

表4-2 はが野農協の事業概要（2000・2001年度末）

(単位：百万円)

年　度	貯金残高	貸付金総残高	預金残高	長期共済保有残高
2000	146,318	32,860	107,672	1,182,779
2001	151,503	32,817	112,399	1,163,658

年　度	年間販売額	米	野菜	果実	年間購買額	生産資材	生活物資
2000	22,186	8,072	3,159	8,333	12,681	9,697	2,984
2001	20,654	6,834	3,011	8,028	10,411	7,545	2,866

資料：はが野農協資料．
注：2001年度の購買額減少は年度途中に自動車・燃料部門が別会社に移行したためである．

にも珍しく，「生活福祉部」として単独の部署になっており，2001年11月現在で正職員3名，デイサービスセンターを中心に「常勤」52名，ホームヘルパー等として「パート」44名，これにケアマネージャー（雇用形態は後述）12名で，計111名の職員を擁している．実は，この職員数のうち，3名の正職員を除く108名は前述の正職員・常雇臨時職員数には含まれておらず，「要員外」のカウントになっている．このことは，はが野農協の高齢者福祉事業の性格付けとおおいに関わることであり，後述したい．

はが野農協管内（特に西部）では，伝統的にイチゴやナスといった果実的野菜や果菜の作付けがあり，水田転作の拡大に応じて作付けを伸ばし，イチゴでは全国最大の産地，ナスにおいても露地ものの夏秋ナスでは全国最大の産地に成長している．はが野農協の営農指導体制は2000年から広域指導員制度をとり，青果物については販売額1億円以上の品目ごとに管内全域を対象とした専門指導員12名を配置している点で，特徴的である．

保健・福祉の分野に目を転じると，はが野農協管内（芳賀郡・真岡市）の地域保健福祉をリードしてきたのは，真岡市の保健および福祉行政である．真岡市の主な医療・福祉施設はいずれも民間の経営であり，基幹的な病院3，特別養護老人ホーム1，老人保健施設3といった構成である．真岡市の保健および福祉行政は決して派手ではないが，住民に密着した草の根型の行政を推進してきたことが注目される．例えば，糖尿病患者の自主グループ育成や肥満児対策としての中学生の血液検査等が行われており，地道な保健行政の

性格をよく表現している．

　そして，農協組織がその「草の根」の1つとしてよく活用されてきたという経緯がある．実は，1980年代まで真岡市内には旧行政単位に4農協が並存し（1989年に4農協合併），それぞれが小規模農協であるゆえの機動力を活用して，地域密着の保健指導を行っていた．たとえば，食生活改善に関しては，農協生活指導員が行政保健婦・栄養士とともに集落単位（公民館ごと）で啓蒙活動を行い，農協提供の食材で料理教室を開催するといった取り組みが自然に進められていた．そうしたいきさつもあり，1983年に老人保健法が施行され，訪問保健指導が強化された時期に，真岡市は住民検診受診率を向上させる目的で，検診の一部を農協に委託し，農協が検診車を「預かる」形で検診を実施することになった．これは，現在でも引き継がれており，2001年度で市内のべ43日の検診のうち，12日分がはが野農協に委託されている．

　1980年代当時の栃木県は，「脳卒中ワースト1」の汚名を返上するために，県をあげて保健対策に取り組んでいた．真岡市においても脳卒中予防が喫緊の課題であったが，特に旧O農協管内は，脳卒中多発地区として注視されていた．O地区は美田の広がる農業生産力の高い地区であるが，検診受診率が低く，塩分の過剰摂取もあって，脳卒中発症率が高いことが真岡市保健行政の担当者によって問題視されていた．これはO地区の診療所が廃止され「無医地区」となっていることにも関係していたようである．このため，行政は近隣の大学病院の協力を得て，5年間のモデル地区として実態調査を行うとともに健康教室を頻繁に開催し，地域の基幹病院であるH赤十字病院に依頼して定期的な健康相談日を設ける等の対策を講じた．後述するように，このO地区ではが野農協初のデイサービスセンターが開設されたが，これは然るべくしてそうなったのである．

　同時期（1980年代前半）に訪問看護がいちはやく[1]，基幹病院と行政の双方から事業化されたことも，この地域の特徴である．1983年に「管内の主要病院・市町・保健所等の看護職を網羅する形で，芳賀郡市継続看護連絡協

議会」[2]が成立し，真岡市内だけではなく，管内関係組織が一体となった「芳賀郡市訪問看護制度」がスタートした[3]点が，特に注目される．この協議会は，真岡保健所を事務局として，訪問看護のためのネットワークを構成し，実際に訪問看護を進める力になった．病院退院時に医療機関から協議会へ確実に情報が提供され，スムーズに訪問看護が開始されることは，非常に意義のあることである．さらに，この協議会の分科会として，訪問看護事例検討のための委員会が設けられている．1991年度を例にとると，事例検討は年間6回・15事例に及び，「検討メンバーは，保健婦（保健所），非常勤看護婦，ホームヘルパー，各医療機関の看護婦，福祉事務所職員，特別養護老人ホームやデイサービスの看護婦，事務職，市の保険課事務職」であった[4]．これは，地域の医療福祉ネットワークを現場レベルで構築し，そのレベルアップを図るという大きな意味を持つ取り組みである．このネットワークの存在がはが野農協の高齢者福祉事業に極めて大きな意味を持った．

さらに，真岡市では訪問看護とホームヘルパー派遣をセットとし，看護職とヘルパーが同時に訪問する形を取ってきた．これは，ホームヘルプ事業が1970年頃から1999年まで市直営であったゆえに可能になったことである．市の非常勤である訪問看護婦と，常勤もしくは登録のホームヘルパーが一緒に派遣されることで，相互の機能を最大限に発揮し，効果をあげることができたという．ちなみに，真岡市直営のホームヘルプ事業においては，ベテランの保健婦が保健管轄部署から高齢福祉管轄に異動したこともあり，1995年以降，ヘルパー派遣数が倍増したという．このため常勤職員12名に加えて，登録ヘルパー27名を配置したが，この中には市の養成講座（3級課程）修了者の他に，農協婦人部メンバーで県中央会の養成講座修了者が4名含まれている．彼女たちが後に，農協高齢者福祉事業の中核的な担い手になってゆく．

以上のような真岡市の取り組みは，社会保障に関する行政責任を重んじる市長（当時）の意向があってのことであった．特に，社会福祉基礎構造改革が課題になりつつあった1996年には，全集落＝109公民館で地域福祉の必

要性を説く座談会を開催し，市の保健福祉部長をはじめとしたスタッフが連夜の座談会に臨んでいた．また，公民館を会場に，月1度の「ミニデイホーム」の取り組みを市が推進してもいた．

その後，こうした住民に根ざした真岡市の保健福祉行政は，公的介護保険制度が開始される前後から，やや性格を変えている．例えば，ホームヘルプ事業から市が撤退し，訪問看護も民間病院が主な担い手になる等の変化を見せている．ただし，これは農協を含めた民間事業体が，医療・福祉サービス提供の実力を付けてきたことの反映とも受け取れる．そして，これまで真岡市の保健および福祉行政が積み上げてきた蓄積は現在も生かされており，真岡市が財政的に余裕の少ない郡内の他町を牽引する役目を担っていることには，変わりがないといえる．

補論　園芸産地形成におけるボランタリズム

前章において，当麻農協の良質米販売事業は「契約的」共販システムへの発展途上にあることを明らかにした．同様に，はが野農協の販売事業において，ボランタリズムにつながるような「契約的」共販は確立しているのであろうか．

はが野農協管内西部では1950年代後半より麦作に替わる作物としてイチゴが導入され，合併前の単位農協ごとに個選共販体制が形成されてきた．特に二宮町ではイチゴ部会を中心に栽培法研究・新品種導入・労働改善などに取り組んで，日本一のイチゴ産地の座を築いてきた．ただし，1997年の広域合併後，部会は統一されたものの（2001年度末部員781戸），管内全体の統一共販は行われておらず，それまでは旧単協ごとの共販が行われていた（筆者の調査時）．

これに対し，ナス部会は1999年に統合し，当初より共計共販に踏み切っている．ナスは，特にメロンの後作として普及し，管内に広がったものである．現在，はが野農協は夏秋ナスとしては全国一の産地として評価されてい

る．その出荷先は大田市場を中心とする京浜地区が主であり，一部地方市場を含め，市場出荷中心の流通を保っている．このナス部会は，第 31 回（2001 年募集）日本農業賞特別賞・集団組織の部を受賞した．ここでは，同部会が評価された部分を素材に，ボランタリズムの存否を検証したい．

ナス部会は 2001 年度末で部員数 353 戸，管内全域に 9 支部を持ち，最大の支部はナス栽培の歴史のもっとも古い真岡市 N 地区 149 戸である．セル苗の県経済連（現・全農とちぎ）からの供給，支所まで出荷すればそれが 1 カ所の集出荷場に転送される仕組み，規格の簡素化と統一規格違反者へのペナルティ制度・再教育システムなど，評価されるべき点は多彩であるが，筆者が注目したいのは次の 2 点である．

第 1 に，部会統合に際して，表 4-3 にあるような支部ごとの産地格差がありながら，格差を解消し，高位平準化をめざす先進支部の決断があった点である．特に，品質差の反映と思われる単価が，統合直前の 1998 年に，最低 178 円/kg から最高 294 円/kg という大きな幅を示しているにもかかわらず，共計に踏み切ったことの意味は大きい．一般的には部会を統合しても共計は旧単協ごとに継続し，数年を経てから全域共計に踏み出すことが多い．しかし，はが野農協では品質のばらつきによる一時的な価格低下があったとして

表 4-3　はが野農協における夏秋ナスの生産と販売

年度	(地区)	作付面積 (a)	生産量 (kg)	10a 当生産量	販売額 (千円)	単価 (円/kg)
1998	M	4,865	3,353,035	6,892	985,657	294
	N	600	351,105	5,852	76,578	218
	Ma	400	247,610	6,190	44,043	178
	Mo	350	117,914	3,369	25,764	218
	I	185	64,853	3,506	18,775	289
	H	220	29,180	1,326	6,629	229
	合計	6,620	4,163,697	6,290	1,157,446	278
1999		6,380	4,722,955	7,403	1,184,860	251
2000		5,950	4,402,792	7,400	947,494	215

資料：はが野農協日本農業賞応募書類より作成．
注：上記以外にハウスナスが 98 年 426a（135,611 千円），99 年 602a（164,736 千円），2000 年 773a（267,804 千円）作付けされている．

も，中長期的な視点で考えれば，統合のメリットが大きいと判断しての結論であった．より大きな産地として，周年出荷体制を確立することが，メリットと認識されたのであろう．結果として，技術の平準化が進み，産地の基礎体力が向上した．部会が広い視野に立ち，短期的な経済合理性だけによらない選択を行った点が評価されよう．なお，こうしたナス部会の取り組みを受け，イチゴも1999年度に統一部会を結成し，2002年度秋より全地区共計を開始予定である．

　第2のポイントは，新規生産者の育成に部会を挙げて取り組み，部会メンバーが「1人1声運動」として自主的に声をかけ，個別巡回による発掘等に努めた結果，2001年度には24名が新規栽培に取り組んだという成果である．新規栽培者には育苗の援助や月1回の現地検討会・講習会を制度化し，農協広域指導員・普及員の個別巡回指導を通じてフォローに当たっている．施設投資を進め，溶液栽培，周年出荷に取り組むような若手生産者に対する指導は，農協の営農指導，管内2カ所の普及センター業務として制度化が容易である．これに対し，夏秋ナスの技術的な難度はあまり高くなく，逆に指導業務の盲点になりかねない．そこで，露地栽培であるために投資額も少額でよい夏秋ナスを，高齢者（定年退職者）や女性を主な対象に普及しようというのが，この取り組みの意味である．近隣の部会員も自発的に相談に乗り指導する中で，栽培者の裾野を広げたことが，評価されたといえよう．

　以上の状況は，「契約的」共販の典型的なあり方である．ナス部会において，互いの信頼を醸成した結果，短期的利害にとらわれない行動が可能になったと思われる．このようなボランタリズムの萌芽と高齢者福祉事業の発展は，直接の関係があるとはいえないものの，農協全体の雰囲気づくりとして，意味を持つものである．

第2節　はが野農協の事業創造過程

1. 助け合い組織の展開と行政との提携

　はが野農協の特徴は，合併以前から「営農」面に力を注ぐだけでなく，女性会—生活指導員を軸に「生活」面での活動をも併進させてきたことである．
　例えば，旧茂木町農協や旧真岡市農協では，全県的な農協系統のホームヘルパー資格養成研修が始まる 1992 年以前に，独自の介護研修を行っている．農協の生活指導員が働きかけ，介護やボランティア活動に興味のある女性組織（当時の農協婦人部）メンバーを募り，厚生連病院のスタッフ等を講師に基本的な介護実習教室を開催していたわけである．これらの研修参加者が，後にホームヘルパーの資格を取得し，その活躍の場として高齢者助け合い組織を発足させたのであった．助け合い組織は，栃木県の農協助け合い組織の共通名称である「ひまわり会」の名称を用い，「ひまわり会〇〇支部」として組織された．初期においては，活動のモデルも少なかったことから，試行錯誤で活動のあり方を探り，主としてボランティア活動を行っていたという．
　その後も，ホームヘルパー資格養成研修修了者（農協職員も含めて）は，必ずひまわり会に加入している．ゆえに，ひまわり会は二重の役割を持っている．1つにはボランティア組織としての役割であって，多くの女性会メンバーが加入している．もう1つには，高齢者福祉事業に携わる全スタッフが加入し，農協の事業としてのアイデンティティを確認するという役割である．ただし，後者の比重が大きくなるに連れ，ボランティア活動の意義がわかりづらくなり，ボランティア活動がそれほど活発にならないという悩みも一方で抱えているようである．
　こうした基盤の上に，高齢者福祉事業が発展するわけであるが，その端緒は，1995 年という早い時期に，合併前の単協が行政（茂木町）からの受託によるホームヘルプ事業を開始したことにある．茂木町は茨城県との県境で

ある八溝山系の山あいに位置し，高齢化率が1998年で26.59％と，県下で2番目に高かった[5]．ちなみに高齢化率県下1位のA町は銅鉱山が閉山し，基幹産業を失ったという事情によるものであり，農山村としては県東南端の茂木町でもっとも高齢化が進んでいる．95年当時，茂木町の行政登録ヘルパー3名はすでに稼働していたが，全町が山間地にあると言えるような茂木町では，行政の手が回りきらない状況にあった．また，事業を委託できるほどの社会福祉法人（社会福祉協議会も含めて）が存在しないという現実もあった．ゆえに，旧茂木農協が行政からホームヘルプ事業を受託することがスムーズに進んだのであろう．

2. 農協広域合併に伴う事業の拡大

次の展開は，はが野農協として広域合併した1997年に，真岡市の農村部において，デイサービス事業を行政受託したことである．当時，真岡市にはデイサービスセンターが1カ所しか存在せず，施設整備の必要に迫られていた．その時期に旧真岡市農協がひまわり会の活躍の場を作ろうと，支所遊休施設（自動車整備工場）を活用してデイホームもしくはデイサービスセンターE型[6]設置を計画中であった．この計画に対し，真岡市担当者は「どうせ改築するのならば，デイホームや小規模なE型でなく，標準型のB型を」と提言し，農協がこれを受け入れたという経緯がある．既存のデイサービスの利用者を行政が「地区割り」によって農協の新施設に振り分け，デイサービス運営は順調なスタートをきった．このデイサービスセンターは「すこやかO（旧村名）」と名づけられ，翌年には同様のデイサービスセンター「すこやかY（旧村名）」が支所生活店舗を改修して設置された．これらを踏襲して，後続のデイサービスセンターにも「すこやか××（地名）」の名称が付されている．

こうした事業開始の背景には，栃木県の社会福祉サービスの特徴が存在する[7]．すなわち，この時期までの栃木県においては，入所型施設こそ漸増し

ていたが，在宅介護福祉サービスの少なさが顕著であり，高齢者福祉施設や福祉ワーカーの整備・配置率は全国的に見て低い水準にあった．特に，老人ホームヘルパーの配置数は都道府県別数値でワースト3，デイサービスセンターの施設密度（65歳以上10万人当たり）でも全国平均24.80施設に対して栃木県18.43（いずれも1997年厚生省資料）という少なさであった．この隙間を埋めるかたちで，農協に限らず，デイホーム[8]・宅老所などが措置制度の枠外で自生的に発展していた．こうした動きに対して，県の社会福祉行政もこれらを支援する必要性を認識し，事業費補助型の県単独補助事業「痴呆性老人デイホーム事業」を1989年に開始している．この事業は1カ所200数十万円程度の運営費助成金として，3カ所から始まり，5年後には虚弱老人も対象に加えたことにより，ピークの1998年には13カ所各300万円程度の補助として，資金に恵まれないデイホームをよく支える役割を果たした[9]．

実は，この県単補助事業とそれを推進する行政マンY氏が，栃木県の農協高齢者福祉事業の端緒にも大きな影響を与えたといえる．Y市（旧Y農協・現S農協）の施設は，栃木県内のみならず全国的にも，単位農協段階での初のデイホーム（1994年開設）であった．この施設の誕生は，旧Y農協のレベルの高い生活文化活動の産物であり，農協トップ＝F組合長の先見の明とリーダーシップによるものである．また，県厚生連S病院と，S病院を基盤に，1970年という極めて早い時期に設置された特別養護老人ホームY苑（社会福祉法人S会）の影響力も大きい．それと同時に，県行政からの働きかけもあり，Y氏が農協系統の介護研修で講演したこと，Y氏がF組合長やベテランの生活指導員K氏と個別に会話を交わし，農協の施設・人材・物流ネットワークなどの優位性を生かした福祉事業の可能性[10]を力説したことが，何らかの影響を与えていると思われる．

このデイホームは，1995年度に入浴施設を完備して，96年度より国庫補助（事業費）の対象であるデイサービスセンターに移管したが，この時には施設改修費を助成する市町村と県の補助（各1/2）を得ている．この助成金も1995年に始まった栃木県内オリジナルの制度であり，「在宅介護総合支援

事業」等の名称で既存施設の増改築に限って助成する仕組みである．新築であれば国庫助成の対象となるが，新築より経費の少ない増改築を地方自治体の支援で進めようという現実的な策であると評価できよう．デイサービスセンターの助成上限は 1,350 万円余（2001 年現在）であるから，新築までは踏み切れないが，増築や遊休施設の改修ならば可能であるといった事業主体にとって，事業を進める呼び水として大きな意味を持つものであった．また，国庫助成よりも柔軟な対応が可能であるため，現場に歓迎されるという要素もあったという．なお，1995 年度から 2001 年 11 月現在まで 25 件の実績（デイサービスセンターだけでなく，在宅介護支援センターやグループホームも含まれる）を数えるが，そのうちの 10 件は農協のデイサービスセンターであり，はが野農協がさらにその中の 4 件を占めている[11]．

全国的に，旧 Y 農協のデイホーム，デイサービスセンターは，農協高齢者福祉活動・事業の見学および研修先として最も有名なものの 1 つであり，多くの関係者にノウハウだけでなく，理念を伝え，また相談相手としても大きな役割を果たしてきた[12]．もちろん，はが野農協（合併前農協も）の生活指導員やひまわり会メンバーは，この Y 農協のデイサービスセンターから多くを学んでいる．特に前掲のすこやか O の開設直前には，スタッフの研修を受け入れてもらい，準備を進めたという経緯がある．

以上のような栃木県の社会福祉の状況と農協高齢者福祉事業の先進例の存在は，栃木県における農協高齢者福祉事業が全国トップクラスに位置することの要因である．しかし，各農協が旧 Y 農協の事業手法をそのまま踏襲したのではない．また，県中央会が事業モデルを構築し，各農協がそのノウハウに従ったわけでもない．むしろ，それぞれの農協事業のあり方は非常に個性的であり，はが野農協も独自の試行錯誤の中から後述のような事業を形成してきたといえる．

3. 公的介護保険制度の下での質的発展

　はが野農協は表 4-4 のように，1999 年以降，他の町からもホームヘルプとデイサービスの両事業を受託してゆく．すなわち，1999 年には二宮町の両事業を相次いで受託し，市貝町のホームヘルプと茂木町のデイサービスを担うこととなる．2000 年には真岡市のホームヘルプ事業が加わり，公的介護保険制度の施行以前に，農協はすでに地域での重要な高齢者福祉サービス供給主体として公認されていた．

　2000 年 4 月の公的介護保険発足時には，市貝町および芳賀町のデイサービスが加わり，1 市 4 町・6 カ所のデイサービスセンター（総定員 169 名）でのデイサービス事業を行うことになった．同時に，全域を対象とした 35 人のヘルパーによるホームヘルプ・福祉用具貸与事業と，総合的な事業運営を実現している．また，ケアマネージャー 9 名によって，管内全域を対象に当初から約 290 件のケアマネージメントを開始した．さらに，市貝町では介護認定調査も行政から委託されてもいる．こうして，2000 年度（はが野農協の年度が 3 月～2 月なので，介護保険が導入される直前の 2000 年 3 月～01 年 2 月まで）の事業収入 3 億 2,116 万円，粗利益 1 億 2,510 万円，2001 年度は同じく 4 億 937 万円，1 億 8,726 万円という実績をあげ，はが野農協

表 4-4　はが野農協管内における在宅福祉サービスの受託・指定状況

	ホームヘルプ						デイサービス					
	M市	N町	Ma町	Mo町	I町	H町	M市	N町	Ma町	Mo町	I町	H町
1996				○								
1997				○			○					
1998				○			○					
1999		○		○	○		○	○		○		
2000	○	○		○	○		○	○		○		
保険後	○	○		○	○		○	○		○	○	○

注：1）はが野農協資料より作成．
　　2）保険後は「公的介護保険法施行後」の状況であり，介護保険指定事業者の意味．

は全国的な注目を集めている（表4-5参照）．さらに，正職員人件費・減価償却費等の事業管理費を賦課した後の純収益（経常利益）でも数百万水準の黒字が確保され，農協の1部門としての位置を確立している（表4-6参照）．

ただし，はが野農協への注目は事業の量的な大きさだけではなく，質的な優位性にもよると思われる．質的優位性は多岐にわたるが，第1に農協の当該事業が「公的なもの」として地域社会で認知されていることがある．それを象徴するのが，2000年4月設置の2カ所のデイサービスセンターが「公設民営」型だという事実である．ここでいう「公設民営」とは，行政が施設を建設もしくは改修し，その運営を民間（農協）にまかせるということである．はが野農協の場合には地道な事業の積み上げと行政への持続的な働きかけが，これを実現した点で重要である．

それまでの4カ所の施設は，農協の遊休施設を活用し，あくまでも農協の

表4-5　はが野農協における高齢者福祉事業の実績
（2000年3月～2001年2月）

（単位：千円）

事　業	施　設　名	事業収入	事業費用	粗利益	純収益
デイサービス	計	252,391	144,135	108,256	
	すこやかO	55,156	24,730	30,426	
	すこやかY	61,719	27,560	34,159	
	すこやかNi	43,206	23,724	19,482	
	すこやかMo	37,540	24,380	13,160	
	すこやかI	22,996	21,199	1,797	
	すこやかNa	31,774	22,542	9,232	
ホームヘルプ		42,541	28,580	13,961	
ケアプラン		22,918	20,936	1,982	
訪問調査		3,311	2,405	906	
合　計		321,164	196,058	125,105	3,826

資料：はが野農協資料より作成．
注：1）　事業費用には「常勤」・パート人件費を含むが正職員人件費や減価償却費等は含まない．
　　2）　粗利益は，事業総利益から事業管理費（正職員人件費や減価償却費，農協全体で要する共通管理費の部門負担分等）を減じたものである．
　　3）　ホームヘルプ事業の内訳は時間数にして家事援助55％弱，複合型25％弱，身体介護20％強という比率であり，決して身体介護の比重が高いわけではない．

表 4-6　はが野農協における高齢者福祉事業収支

(単位：千円)

年　度	事　業	事業収入	事業費用	粗利益	純収益
2000	デイサービス	233,734	144,136	89,598	
	ホームヘルプ	36,147	27,498	8,649	
	ケアプラン	22,918	20,936	1,982	
	訪問調査	28,364	3,486	24,878	
	合　計	321,164	196,058	125,106	3,826
2001	デイサービス	315,469	154,680	160,789	
	ホームヘルプ	46,379	34,493	11,886	
	ケアプラン	30,308	25,888	4,420	
	訪問調査等	17,212	7,047	10,165	
	合　計	409,370	222,108	187,262	5,700

資料：はが野農協資料より作成．
注：データソースの違いにより，表4-5とは，細かい部分で不整合がある．

責任において施設を設置し，事業を営むというのが原則であった．ただし，施設整備には助成を受け，全国農協共済連からの助成金，前述の施設改修補助事業（市もしくは町1/2，県1/2）を利用して，改築費6,000～7,000万円の約半額の補助を得るというのが標準的であった．すなわち，公的な助成制度が施設整備を後押しし，行政からの送迎車両の無償貸与もあり，さらに措置制度下での事業委託が運営を円滑なものにしたことは事実である．しかし，あくまでも農協という「民間」の責任で事業が営まれていたのである．これらに対し，最新の2カ所の施設は行政責任として施設建設を行い，それを農協に貸与し，運営を任せるということであり，農協と行政の新たな関係が形成されたものである．特に，市貝町の新築施設は町営保育所と渡り廊下でつながり，保育園児との交流が日常的に可能な構造となっていて，利用者にも保育園側にも好評である[13]．この施設の設計段階では，農協スタッフが設計者と何度も細かい点（畳スペースの高さや浴室の蛇口の位置など）について打ち合わせを繰り返し，それまでのデイサービスセンター運営の実績を生かし，利用者にとってもスタッフにとっても理想的な施設を実現したという．もう1カ所，2000年4月設置のH町デイサービスセンターもまた，小学校

の跡地に校舎を改築して設置しており，ユニークな設置方式である．

　一般的に，たとえ，「公設」であろうとも，業務を熟知しない行政の担当者が施設建設を発注しただけであれば，せっかくの新しい地域資源も十分な効果をあげ得ない．それに対し，これらの施設は町内のみならず郡一帯で農協が培ってきたノウハウが，行政の施設建設・貸与を通じて「公共の存在」として固定化され，公開されたという点で，画期的である．逆にいえば，農協の高齢者福祉事業が「公共の存在」として公認されるほどの質を有していたとも表現できよう．第1章で検討した公益性の水準が，非常に高い状況にあるといえる．さらに，2001年11月には最も古いデイサービスセンターである「すこやかO」の隣接地に，地域型在宅介護支援センターを真岡市委託として開設し，相談業務に応じる中で新たな公益性発揮をめざしている．

　今日，非営利組織論やNPO論の立場から「非営利組織と行政（委託）」の関係性が模索されているところである[14]．社会福祉論の立場からも石川他［2001］のように市町村のなすべき役割の大きさを強調したうえで両者の関連についての論及がある．石川他［2001］では，「市町村の役割とともに，当面，非営利（協同）部門がしっかりした役割を果たすことを期待したい．その際，市町村の役割と非営利協同の役割をどう整理するかが課題になるが，市町村の責務をとらえつつ協同組織もその役割を担うという，わが国モデルをつくっていかないといけないのではなかろうか」[15]と，問題提起がされている．また，農業協同組合論としても，「行政の下請け」・「圧力団体」とは異なる，新たな行政とのパートナーシップのあり方が求められている．はが野農協の高齢者福祉事業はそうした課題に示唆を与える好事例といえよう．

　質的優位性の第2として，ケアマネージメントを重視し，平均300件以上（2001年度）のケアプランを作成していることがある．これは，農協が単なる介護サービス事業の供給ではなく，地域の介護サービスを有機的に結びつけ，実質的な「在宅介護支援センター」の役割をすでに果たしていることを意味しよう．そもそもケアマネージメントという業務は，個々の社会福祉サービスのクライアントに即して，社会福祉制度を活用し，多様なサービス供

給主体のサービスを統合し，クライアントにとって最善の社会福祉を創り上げる相談・指導業務である．わが国では制度化こそされてはいなかったが，行政の在宅介護支援センター等において，相談員が実質的にその機能を果たしていた．介護保険実施にあわせて，「業務としてのケアマネージメント」，「資格・職種としてのケアマネージャー」が制度化されたことは，介護保険導入の積極面と評価されてきた．ただし，現実のケアマネージャーの仕事は単なる計数管理の業務が多く，理想からはかけ離れていることが問題となっている[16]．加えて，介護保険制度からのケアマネージメントへの給付額が低いため，独立職として成り立たせるには件数を多数（厚生労働省の行政指導では50件が上限であるが，それ以上の件数）持つ必要がある．そうした事情のため，他業務を兼務するスタッフも多い．いずれにしろ，結果として本来の相談・指導業務がおろそかになりがちであることが批判されている[17]．

　はが野農協の場合，経験豊富なケアマネージャーを地域の福祉ネットワーク内からスムーズに確保し（後述），しかも出来高払い制を原則として低コストで高い質のケアマネージメントを実現していることが特徴的である．

第3節　ボランタリズムとプロフェッショナリズムの両立

1．業務組織の変遷

　はが野農協高齢者福祉事業の特徴は，上述のようなスタッフの優秀さに加えて，それらを生かす効率の良い業務組織にもある．生活福祉部門を農協業務組織のどこに配置するかは，先駆的な農協においても試行錯誤の途上にある[18]．はが野農協においても，表4-7のように目まぐるしい業務機構の変遷があったのち，生活福祉部がようやく確立している．ただし，スタッフのほとんどを現在でも「要員外」としているように，通常の部門とは違う，できる限り身軽な流動性の高い部門として位置づけようとしていると思われる．

表 4-7 はが野農協高齢者福祉事業における業務組織の変遷

年 月	部 署 名	事業額	ヘルパー養成者累計
1997.3	生活部生活指導課		90 名
1998.5	営農部生活福祉グループ		100 名
1999.3	営農部生活福祉グループ		120 名
1999.9	福祉対策室(生活兼務)		120 名
2000.3	生活福祉部	1.26 億円	130 名
2001.3	生活福祉部	3.21 億円	

資料:はが野農協資料より作成.

　例えば,2001年8月現在,はが野農協はケアマネージャー11名(9月には1名増員予定)を擁していたが,うち9名は出来高制であり,ケアマネージメントの低報酬が問題になっている介護保険制度にも十分対応できている.また,デイサービスセンター(定員30名が5カ所,1カ所のみ19名)は,「基本的に8人のスタッフで運営している.施設長,生活相談員,看護職員,調理員が各1人と介護職員4人の構成である.この他にローテーションスタッフとして3施設に7人を配置し,1日の利用者が20人を超えるときや職員の休暇に備えている」[19]状況である.また,「JAを退職した人(男性)のなかから適任者を施設長として再雇用することとし,現在3施設で活躍している」.これは,力仕事などを担う男性職員の必要があることから,現場にも歓迎されている.さらに,ケアマネージャーや部長でさえ,必要があれば現場に入っている.筆者が訪問した「旧盆」期間には最東部の茂木デイサービスの厨房に汗を拭う部長の姿があった.もちろん,これは単なる穴埋めではなく,現場の状況を肌で把握しようという部長の考え方があるゆえの行動でもある.しかし,農協の他の業務において,このような状況(例えば,販売部長が集出荷施設でパート労働者とともに選果に当たる等)は想像しにくく,行政や社会福祉法人・医療法人などの福祉サービス部門でも管理職がパート労働者とともに同一の業務を行うことは,想定しにくいところである.
　さらに,積極的な人事異動と独自の研修体制も注目される.後者については,コンプライアンス・マニュアル[20]を導入し,ケアワーカーを他施設で

研修させ，感想文を出させる取り組みをしている．生活福祉部長のみならず，総務部長が目を通し，コメントを付し，押印した上で本人に返却し，スタッフのモチベーションを向上させようと努めているという．

2. 内部におけるスタッフの育成

　上記のような急速な事業発展を質・量の両面から実現するには，優秀なスタッフの確保が最重要課題になる．
　はが野農協の場合，施設でのケアワーカーやホームヘルプ事業でのヘルパーは自前で養成し，より専門性の高いケアマネージャーや看護職については，キャリアを積んだ人材を新規雇用するのが，基本形である．また，施設長などの管理的業務には農協職員の退職者等をも活用していることが特徴である．
　ケアワーカーやヘルパーについては，県中央会主催のホームヘルパー養成講座で2級ヘルパー資格を取得した人々が主戦力である．初期においては旧単協女性組織（当時の婦人部）のメンバーがもっぱら資格を取得していたが，徐々に女性組織以外の組合員（家族）および非組合員がボランティア活動や仕事としてのヘルパー，ケアワーカーを目指して資格を取得するようになってきた．近年では誓約書を提出した上で養成講座を受講し，修了者はひまわり会（合併以前は各単協，合併後はひまわり会H支部）に所属，農協事業のスタッフになることが当然となっている．
　彼女たちは前述のように「非正規」待遇ではあるが，「パート」もしくは「常勤」として比較的高い時給で働いている．ホームヘルパーでは所得税課税以下の所得で短時間勤める「パート」が多いが，時給が通常のパートよりもよい上に，やりがいのある職として主婦層に歓迎されている．これに対し，デイサービスのスタッフでは「常勤」待遇で社会保険も完備しているので，正職員に近い形で勤務している．さらに，主任格（デイサービスセンターであれば生活相談員）となれば，手当ても付くので，中小企業の正職員に近い待遇と思われる．ゆえに，こうした人材が確実に農協高齢者福祉事業の戦力

になる．

　もちろん，これは一般的な女性の賃金があまりにも低すぎるという背景あってのことであり，決して喜ぶべき状況ではない．現に生活福祉部長の認識としても，現在の働きに応じた，より高い待遇を実現すべきと認識している．とはいえ，通常であれば月10万円に満たないようなパート職にしか就くことが困難な女性（あるいは中高年男性）が職を得ているという事実は重要であり，地域経済の視点から見ても高く評価されるべきである．

　加えて，はが野農協の事業のあり方で注目されるのは，中央会の養成講座から巣立ったスタッフが事業の中核的な存在になっている点である．先に述べた茂木町でのホームヘルプ受託・真岡市でのデイサービス受託の草分けとして，必ずしも採算が合わないレベルから献身的な取り組みを行ってきたスタッフが，現在では施設長やサービス提供主任になっているわけである．

　表4-8にはが野農協高齢者福祉事業の基幹スタッフ30名の概況を示したが，そのうち14名が中央会の養成講座によって資格を取得している．このデータは，2001年8月末〜9月初旬にかけて，はが野農協の業務ルートを通じてアンケート用紙（巻末に資料として添付）を配布・回収（30部配布・100％回収）していただいた結果を取りまとめたものである．調査対象の内訳はケアマネージャー7名，ホームヘルプ事業のサービス提供主任4名，6カ所のデイサービスセンターの施設長・サービス提供主任（相談員）・看護師，

表4-8　はが野農協高齢者福祉事業の基幹スタッフの職種と部署

（単位：人）

現在部署	本所	現在職種						総計
		すこやかO	すこやかY	すこやかNi	すこやかMo	すこやかI	すこやかNa	
施設長		1	1	1	1	1	1	6
サービス提供主任	4	1	1	1	1	1	1	10
ケアマネージャー	7							7
看護師		1	1	1	1	1	1	6
その他	1							1
総計	12	3	3	3	3	3	3	30

資料：アンケート調査集計．

表 4-9 はが野農協基幹スタッフの農協ホームヘルパー養成講座受講状況

(単位:人)

現在職種	農協講座			
	2・3級受講	2級受講	受講していない	総計
施設長	2	1	3	6
サービス提供主任	8	1	1	10
ケアマネージャー			7	7
看護師		2	4	6
その他			1	1
総計	10	4	16	30

資料:アンケート調査集計.

各1名・計18名,および生活福祉部の正規職員1名,総計30名である.

表4-9には,はが野農協基幹スタッフが農協ホームヘルパー養成講座を受講したかどうかをまとめたが,サービス提供主任10人中,受講していないのはわずか1人,デイサービス施設長6人のうち半数は受講しており,農協組織の内部から基幹的な職員がよく育成されてきたことがうかがえる.さらに,以下ではそうした人材の具体例として,茂木町・N氏と真岡市・H氏のエピソードに触れたいと思う.

はが野農協の高齢者福祉事業の第一歩を創った2人は偶然ではあるが,ともに「跡取り」の長女として婿を迎える立場であった.失礼ながら筆者の見るところ,もう1世代若ければ,当然のこととして大学に進学し,高度な専門職(福祉職とは限らないが)に就くであろう人材と推測される.あるいは,男性であれば農協役員を含め,地域の要職として活躍して然るべき人材であると思われる.しかし,農家の長女として生まれたことで,「家」の跡取りとして農業と家事(N氏は外での勤務も)に従事することが運命となったといえよう.もし,この高齢者福祉事業にかかわらなければ,本人も気づかなかったような高い能力が埋もれ,そのままになった可能性が強い.はが野農協にとっては,内部に眠っていた宝の山を掘り当てたようなものであろう.

さて,1990年代初めに先に述べた介護講習を受けたのは,2人とも旧農協の婦人部メンバーであったからである.家族の介護やボランティア活動への

意欲が介護研修からホームヘルパー資格取得へと2人を向かわせ，仲間とともにひまわり会支部のリーダーとなり，同時に行政登録ヘルパーとして経験を重ねたという経緯も期せずして一致している．行政登録ヘルパー時代に培った専門家との人的つながりがその後の業務で大きな意味を持つ．

2001年8月現在，N氏は地元のデイサービスセンターすこやかMoの生活相談員であり，H氏も創設に関わったすこやかOの施設長である．いずれも正職員ではなく「常勤」扱いではあるが，人事異動の対象として他施設での業務を経験し，雇用管理や施設運営に関するOJT（on the job training）を受けてきた．N氏はすこやかMoができる99年春までは，茂木地区のホームヘルプサービス主任として活躍し，デイサービスセンター開設とともに施設のスタッフとなった．その半年後には慣れ親しんだ茂木町から真岡市のすこやかOまで1年間通勤し，デイサービス運営の基本に習熟した上で，すこやかMoに生活相談員として戻ってきたという．同様に，H氏はすこやかOの開設時から請われて生活相談員となったが，隣接のすこやかYの施設長を経験してからすこやかOに施設長として戻っている．実は，H氏はこの事業に関わるまで，一度も「外で勤める」経験をしていないが，自らの職業能力開発に励み，現在では管理職として7人のスタッフを部下に持つに至っている．加えて彼女たちは，他のスタッフに対して，いわば理念を体現する存在である．すなわち，外部から雇用された人材や，ある程度事業規模が大きくなってから加わったスタッフに，第1世代として「農協がなぜ，高齢者福祉事業に取り組んでいるのか」「いかなる事業を目指すべきか」を無言のうちに伝える役割を果たしている．

3. 地域の医療・福祉ネットワークとの連携と人材吸引

前項で述べたように，はが野農協では，サービス提供主任や施設長等は内部養成したが，より専門性の高いケアマネージャーや看護職については，はが野農協といえども外部から新規雇用せざるを得なかった．看護師資格は，

専門教育機関を終了しないと受験資格を取得できない．ケアマネージャー資格は，ホームヘルパー2級以上等の有資格者が5年以上の実務経験を経れば資格試験に挑むことができるが，福祉制度のしくみ等をこと細かく尋ねる試験は難解であり，5年の現場経験があったとしても合格することは容易でない．このため，これらの専門職については行政や他の事業所に勤務していた人材を，農協が新規雇用する形となった．

　ただし，はが野農協における人材確保は極めて順調に推移したという．その背景に，堅実に積み上げられてきた地域での福祉ネットワークがあったからである．すでに，第1世代のひまわり会メンバーが，ボランティアとして活動したり，行政登録ヘルパーとして業務にあたったりする中で，地域福祉の現場スタッフとのつながりが生じていたことは，前述した通りである．行政の医療・保健・福祉職のスタッフ，社会福祉協議会（社協）や地域の主だった病院・福祉施設職員との信頼関係が生まれていたわけである．そもそも，社会福祉は各機関の連携プレーの中で初めて効果をあげうるものである．クライアント（医療・福祉サービスの受け手）の必要性によって，行政・社協・民間事業所の枠を超えたつながりができてしかるべきである．特に，はが野農協管内では真岡市保健福祉行政を要とするネットワークがよく育てられていたことは，第1節で述べたところである．農協が高齢者福祉事業を発展させることで，新たにそのネットワークに加わったのであり，人材の確保もネットワーク内で可能になったといえる．

　表4-10に示したのは，基幹スタッフがいつ入協したかという時期別動向であるが，施設長やサービス提供主任が広域合併以前にスタッフであった例が少なくない．これに対し，ケアマネージャーや看護師はすべて広域合併以降に就職しており，その過半は介護保険開始以降の入協である．また，表には示していないが，農協に職を得る直前にはケアマネージャーの7名のうち3名は行政の訪問看護師等であり，各1名が社会福祉法人と医療法人の職員であった．看護師7名中3名も医療機関に直前まで勤めており，多くの人材が地域の医療・福祉ネットワークに所属していたと推測される．

表 4-10　はが野農協基幹スタッフの入協時期

(単位：人)

現在職種	農協への就職時期				
	広域合併以前	97.3~2000.3	2000.4~	時期不明	総計
施設長	4	2			6
サービス提供主任	4	5	1		10
ケアマネージャー		3	4		7
看護師		2	3	1	6
その他			1		1
総計		12	9	1	30

資料：アンケート調査集計.

ただし，この移籍が実際に進んだ条件の1つには医療・福祉分野で「嘱託」や「非常勤」といった（女性）専門職員の身分の不安定さと賃金の低さがあることを見落してはならない．子育てや自分自身の家庭内介護の必要などで短時間労働を志向し，またそうした制限がなくなった後も「年齢制限」などのネックから正規職員になることが困難な彼女たちにとって，機会費用（オポチュニティ・コスト）は非正規職員の給与レベルにとどまる．はが野農協に移籍した後の彼女たちの身分も「常勤」や「嘱託」であり，給与水準は決して高くないが，機会費用の観点からは十分に納得できる転職となるわけである．

もう1つの条件はネットワーク内で農協の高齢者福祉事業が高く評価されており，当事者が移籍を希望するということがあったろう．介護保険制度の導入前には各事業所のサービス需要者の「囲い込み」が心配されており，現実にサービス供給量の豊富な都市などでは現実にそういう傾向も生じている．しかし，はが野農協管内のようにどちらかと言えばサービスの不足が問題である地域では，好むと好まざるとにかかわらず，行政や医療・福祉事業所が助け合わねば住民の福祉は低下することになる．現実に，電話1本で相談しあえる関係が現場担当者のレベルでよく構築されている．また，行政登録ヘルパーのような低コストの労働力もこのネットワークに組み込まれることになる．管内では，農協ひまわり会のボランティア活動がよく知られており，

専門職との人的つながりが初期から自然に形成されたことがある．そうした中では，どの事業者がどのような質のサービスを提供しているかは自然と周知され，場合によっては直属の上司や同僚が農協への移籍を当人に勧めることすらあるという．

　以上のような条件に恵まれて，ケアマネージャーや看護師といった専門職を農協に引き寄せ，農協のスタッフを質・量ともにレベルアップしたことがはが野農協の強みである．例えば，11名のケアマネージャーを統括する立場にあるF氏は1999年9月，行政（真岡市）訪問看護婦の実績を買われて，公的介護保険への準備を進める最中の農協に移籍してきた人材である．F氏は大学病院の看護婦としてキャリアを積んだ上で，結婚後に個人病院に転職し，専業主婦の時期を経た後，子供の幼稚園入園を機に行政の訪問看護婦として再就職し，8年半の経験を積んだという経歴を持つ．典型的なM字型就業であり，再就職後も半日勤務を原則とした行政の嘱託職員として，育児・家事と仕事の両立を図ってきたという．嘱託職員としての年収は100万円以内であって，いわゆる「夫の扶養の範囲」[21]である．ただし，仕事の内容は単なる訪問看護にとどまらず，民間医療機関による訪問看護が普及するに従って，それらの従事者への指導業務が比重を高めることになった．すなわち，嘱託という「非正規」職員の立場にありながら，民間のフルタイム専門職を指導する役割にあったわけである．仕事柄，市内の医療・福祉関係者とのネットワークは自然に醸成され，また，農協ひまわり会の第1世代とも強いつながりが形成されていた．ただし，市の人事政策は嘱託職員から正規職員への転進の道を用意しておらず，子供の成長に伴い育児負担が軽減したこともあり，F氏自身においても次の職を潜在的に求める時期にあったようである．そうした事情と，有能かつ信頼できるケアマネージャーを求めていたはが野農協側の事情がぴたりとかみ合って，F氏が農協の中核的スタッフとして嘱託職員の身分で迎えられることになった．同じ嘱託ではあるが，農協の雇用条件は正職員に準じたレベルであり，フルタイム・社会保険完備で，実質的な中間管理職手当てを含め年収400万円以上（2000年時点）となって

いる．すでにF氏は真岡市内の地域福祉ネットワークでは指導的な立場にあったため，行政との関係・他の医療・福祉関係施設とはが野農協の関係がきわめてスムーズなものとなったことは，いうまでもないことである．

4. ボランタリズムを基礎としたプロフェッショナリズムの確立

　農協にとって，高齢者福祉事業はまったくの新規事業であり，また非営利性・公益性の高い事業であるところから，職員のボランタリズムが発揮されやすいとともに，ボランタリズムなしでは存立しえない部門であるといえる．このボランタリズムの発揮と，女性の戦力化は密接につながっている．はが野農協管内に限らず，多くの女性において，家事労働を典型とするように，労働報酬は無償もしくは有償であってもきわめて低い報酬レベルであることが多い．こうした状況の中から新たな事業を立ち上げるにはボランタリズムによらざるを得ないし，またボランタリズムを活用することが何よりも有効な事業の競争力になる．はが野農協が農協の内外から優秀な女性スタッフを確保しえたことは前述の通りである．そして，H氏，N氏のように農協女性会の活動から始まり，ついには基幹スタッフになった例にしても，F氏のように専門職としての経歴を生かし，少しでも労働条件が良好で，かつ，やりがいのある現場を求めて専任スタッフになった例にしろ，ボランタリズムを発揮しやすい立場である．さらに，彼女たちの採用に責任を負い，そのボランタリズムをコーディネートしたのが，現在の生活福祉部長N氏（女性）である．

　N部長は，合併前のI農協で管理部門一筋に歩み，合併前にすでに課長職となっていた．「合併により着任早々の生活福祉グループ長（N氏―筆者）が，管内すべての市・町福祉部署に何回も足を運びホームヘルプ業務の受託と施設の設置状況や供給見込み等について確認し，JA役員との打ち合わせを重ねて内部合意を得た」[22]と記述されるように，N部長自身がボランタリズムを自らのものとしている．その考え方に沿ってスタッフの採用・登用が

進められ，堅実でありながらダイナミックな事業展開を可能とした．なお，N部長は2002年5月に(社)農協協会・農業協同組合新聞より農協人文化賞を受賞し，公的な評価を受けている．

　以上のように本章では，はが野農協の高齢者福祉事業の業務組織について分析することで，優秀な人材組織化と職員の活力を引き出す業務組織のあり方を考察した．そして，これこそが業務拡大とボランタリズムを併進させうる事業の進め方であった．

　この事例は専門性の高いリーダーが計画的に業務組織を構築したのではなく，むしろ素人に近かった農協内部のメンバーが試行錯誤のうえで構築したことが重要である．ゆえに，はが野農協だけが実現できるものではなく，また高齢者福祉事業のみに当てはまるものでもない．農協の原点にたちかえって，ボランタリズムをどう再生させるかという普遍的な問題につなげることができよう．

　ただし，はが野農協の事例は，ボランタリズムを意識的に生かしたというよりは，むしろ，意図せざるボランタリズムが自然に生まれ，発展した事例であるといえよう．すなわち，後発事業体であるはが野農協には，複数の行政と交渉しつつ，行政や社会福祉協議会の協力を少しずつ取り付け，地元の既存の医療・福祉事業体との摩擦を最小限にするような水面下での折衝が求められたからである．また，実績の少ない福祉サービス供給者が信頼されるには，スタッフのボランタリズムを最大の競争資源に位置づけるしかなかったと思われる．その意味では，ボランタリズムなしでは事業創造が不可能であったとさえいえよう．

　しかし，今後も今までと同質のボランタリズムを持続できるかというと，それは予断を許さないものがあろう．なぜならば，事業の初期・急激な拡張期においては，自然にボランタリズムが生成・発展するが，事業体制が固まり，業務組織も固定的なものになると，ボランタリズムが縮小・消滅する可能性が拡大するからである．はが野農協の事業展開，それを支える業務組織の動向は，これからが正念場であろう．事業を軌道に乗せつつ，ボランタリ

第4章　ボランタリズムの可能性と業務組織の創造　　　　　163

ズムをどうしたら逃がさずにすむか，今後の展開を期待をもって見守りたい．

注
1) 相川［2000］で農村（地方都市を含む）における在宅ケアシステムの重要性が指摘されている．
2) 細島他［1993］79 ページ参照．
3) 同上，79-80 ページ参照．
4) 同上，87 ページ参照．
5) 茂木町の高齢化率は，99 年データではわずかの差で第 3 位である．99 年で第 2 位の K 村も農山村であり，介護保険実施直前に郡単位農協である K 農協（旧 N 農協）にケアマネージメントとホームヘルプ事業実施を行政が懇請し，農協事業が K 村の福祉事業の基幹になっている．
6) 当時のデイサービスセンターの区分は A 型～E 型に分かれていた．このうち，E 型は，痴呆性老人のみを対象とした小規模施設（標準利用人数 8 人以上）であり，入浴施設は必ずしも必須でないのに対し，B 型は標準型で標準利用人数 15 人以上，入浴サービスの提供が必要である（厚生省資料）．
7) 田渕［1999b］参照．
8) デイホームは，ミニデイサービスや宅(託)老所と同様，措置制度を中心とする社会福祉政策の不足を埋めるために民間で自生的に生まれた，通所型介護施設である．様々な呼称があるが，栃木県ではデイホームが一般的呼称なので，本稿ではこの用語を用いる．
9) 以上は栃木県保健福祉部高齢対策課［2001］による．
10) Y 氏の主張は山田［2001］を参照．
11) 以上は栃木県保健福祉部高齢対策課［2001］による．
12) 旧 Y 農協のデイホーム，デイサービスセンターについては蟻塚［1997］59-67 ページ参照．
13) 真岡新聞［2000］参照．
14) 特定非営利法人市民フォーラム 21・NPO センター／NPO と行政協働研究会［2001］参照．
15) 石川・自治体問題研究所［2001］101 ページ．なお，石川氏は日本文化厚生農業協同組合連合会のコンサルタント事業として，はが野農協の今後の高齢者福祉事業のあり方について，2001 年度にコンサルタント活動を行っている．
16) 伊藤［2001］176-177 ページは，「介護保険の支給限度額の管理や給付管理表の作成などの給付管理業務をケアマネージャーに担わせるために，ケアマネジメントが制度化されたともいえる．しかし，このことは，介護保険実施直前になるまで当のケアマネージャーにすら明らかにされなかった．（中略）相談業務ができると理想に燃えて資格を取得したケアマネージャーにとっては，まさに

『だまし討ち』だった」と，厳しく批判している．
17) ケアマネージャー制度の問題点については，伊藤［2001］176-179ページ参照．
18) 田渕［1999b］参照．
19) 廣田［2001］51ページ参照．
20) コンプライアンス・マニュアルとは，企業が社会的ルール・倫理規範を遵守し，社内不正や事故を防ぐ危機管理手法として，普及してきた概念である．H農協は高齢者福祉事業の意義を常に確認し，事業におけるリスク管理をすすめるべく，この手法を導入したと思われる．
21) 厳密にいうと，本人への所得税が課税されるのが103万円超，サラリーマンの配偶者が社会保険料を自ら支払わねばならないのが130万円超，夫の勤務先からの配偶者手当が支給されなくなるのがおおよそ103～130万程度など，「扶養の範囲」概念は多義的である．ただし，一般的にはこれは「100万円の壁」問題として，認識されている．
22) 廣田［2001］50ページ．

終章　開かれた扉のゆくえ

　ここまで，古い非営利組織である農業協同組合が，これまでと質の異なる新しい事業を創る過程を分析し，その契機とエネルギーを明らかにしてきた．本書の副題を「高齢者福祉事業の開く扉」としたわけであるが，この扉は内側から外側に向かって開く扉であり，内側からの圧力によってのみ開く扉である．

　農協に限らず，日本の協同組合の多くは，いわば閉じた扉の中の共益を目指してきたといえまいか．そして，これらの共益が国家の政策（国益）の中に正統として位置づけられる場合，これは間接的に公益になりうるものであった．筆者は，かつて北海道の特殊な農協連合組織＝生産連の歴史を分析したことがある[1]．この連合組織は，営農指導に加え，種苗供給・農産加工・土地改良・家畜人工授精等の事業に特化した連合組織であった．おおむね1960年代まで，北海道には支庁を単位に組織された地区生産連と，その連合体である北海道生産連が存在していた（現在も地区生産連のごく一部は残存）．1950年代当時の全盛期において，これらの組織は単位農協と連携して，飢えからの解放を目指す増産に全力を尽くしていた．増産は，農協組合員の経済状態を好転させるという共益のためであるが，同時に食糧を十分に供給するという国家政策にそのまま合致するものであった．結果として公益を実現することになっていたわけであり，今日のような過剰の時代の生産事業とは，事業そのものは同じであっても社会的意義が異なるものであった．共益が公益にすぐに読み替えられる，ある意味で幸福な時代であったといえる．

　しかし，今日，協同組合の目指す共益がそのまま公益になることは，あま

り期待できない．協同組合の扉の内側で共益を追求するだけでは，非営利組織としての優遇措置が容認されないものになりつつある．税制優遇・独占禁止法除外規定・補助事業の優先的配分に，強い批判がされるのは，このためであろう．ゆえに，意識的に事業の社会的意義を確認し，共益であると同時に公益としての意味を持つ事業を自発的かつ組織的に創っていかねばなるまい．扉を閉じたまま，「なぜ，非営利組織である農協を非難するのか？」「農協が過去に果たしてきた役割を過小評価するものである」と反批判の声をあげても，その声は社会的に評価されるものにはなるまい．そして，扉を開けるキー概念がボランタリズムである．常に，自分達の事業が公益としての意味を持つのか否かを問い返し，自発的・組織的な活動があってこそ，扉を開くことが可能になるといえよう．

　本書第1章では，まず，ボランタリズムを定義し，ボランタリズムの器としての非営利組織のマッピング（地図化）に取り組んだ．ヨーロッパの政治思想に遡れば，ボランタリズムは「自発的な」をあらわすvoluntaryに「主義」をあらわす-ismを付加してできた語であり，国家から援助も干渉も受けない教会の立場を示す概念であった．こうした教会の立場は，近代における諸種の社会集団の性格と意義を特徴づけるものとして，「ボランタリ・アソシエーション」（自発的結社，または任意団体とも訳される）に通じる．これらの自発的結社を重視する社会理論として，1920年代頃から「多元主義」の理論が登場した．多元主義の社会理論は国家を他の社会集団－たとえば学校や教会など－と同列に置こうとし，その絶対的優越性をみとめない点に特徴がある．

　本書では，今日的なボランタリズムの定義をオズボーン［1997］に依拠した．氏によれば，ボランタリズムは，社会的に組織化された行為に関わる概念であり，「ボランタリー組織」とは「その働き手が有給か無給かにかかわらず，外部コントロールなしに，そのメンバーにより始められ，統治されている組織」である．また，ボランタリズムは，各セクターが発言権をもち複数の公共サービス源が存在する完全な多元社会を，理想の形と位置づけてい

る．これは，教会やアソシエーションが国家から相対的に自立していることを重視するボランタリズム思想の潮流をよく汲んだものである．

　改めて定義を繰り返すならば，ボランタリズムとは，(1)自発的に，(2)活動の社会的意義を自覚して，(3)組織的に行為する原理である．ゆえに，ボランタリズムはボランティア活動の原理にとどまらず，非営利組織や協同組合が自らの社会的役割を自覚しながら，継続的な活動を行う場面にも適合的である．むしろ，「事業」と呼ぶのが適切な状況，すなわち，投資の回収を意図し，賃金を支払うことが常態化するような状況に，適合性が高い．

　さて，以上の思想を踏まえながら，ボランタリズムの器としての非営利組織のマッピングを検討すると，協同組合，特に農協を含む生産者協同組合の位置づけに疑問が生じる．前掲図1-2（28ページ）は，経済産業省産業構造審議会NPO部会の中間報告書「新しい公益を目指して」から採った概念図である．横軸（x軸）が営利⇔非営利，縦軸（y軸）が公益の高低（公益⇔私益・共益）のレベルを示すが，生産者協同組合は，NPOよりも非営利性がやや低く，公益性は著しく低いものと想定されている．おそらく，このマッピングの背景には，わが国の法人についての法体系があり，法人形態によって各経営体の位置が定められていると推測された．

　しかし，法人形態によって非営利性・公益性を推し量ることには，大きな疑問がある．すなわち，NPO等は公益を目指し，生産者協同組合は公益ではなく，狭い範囲の共益を求める組織であるという前提への疑問である．法人形式によって，公益と共益を区別することは，現実をよく反映せず，むしろ，実際の活動・事業の公益性を評価すべきであるというのが，筆者の主張である．

　さらに，非営利組織の特性は，自ら問題を発見し，自発的・組織的に使命を掲げて行動する点にあるはずであり，これをボランタリズムと言い換えることができる．このボタンタリズムを有するか否かが，NPOや協同組合といった非営利組織と一般的な企業との質的差異のメルクマールとなるはずである．

法人形態にとらわれず，またボランタリズムを重視するならば，成員の自発性を第3の軸として，3次元のマッピングをすることができる（前掲図1-3，33ページ）．この中では，生産者協同組合もまた，NPOと同様の非営利性・公益性を実現し，また，ボランタリズムに裏付けられた位置を占める可能性が確認された．

しかし，現実の農協に目を転じるとボランタリズムの衰退もしくは当初からの不全が，問題点として見えてくる．しかし，最も新しい事業である高齢者福祉事業は，ボランタリズムに裏打ちされ，また，これを保持した状態で発展する可能性がある点で期待される．

ただし，他の事業ではボランタリズムの発展は期待できないということではない．販売事業のうち，「契約的」共販と筆者が名づけた事業方式は，ボランタリズムの萌芽を宿すものである．すなわち，メンバー相互間の信頼関係を基盤に，またそれを醸成してゆく事業方式であることが注目される．かつての政府米の販売事業に典型的である「統制的」共販は，なんらかの権力を前提にした中央集権的な事業方式である．このような事業方式の下では，成員の自発性は涵養されるのではなく，むしろ枯渇し，メンバー相互の信頼関係が育つ土壌は形成しえないであろう．それに対し，「契約的」共販においては，産地形成という目標を自発的意思によって立て，生産物市場に対して組織的に対応することで，信頼関係を拡大再生産することが可能である．このことは，農協の「古い」事業であっても，ボランタリズムを基礎に，事業を再構築する可能性があることを示唆するものである．

第2章では，対象を農協高齢者福祉事業に絞り込み，この事業の発展過程を農協内部の歴史と，社会福祉システムの中での位置づけを踏まえ，立体的に明らかにした．

社会福祉論の立場からの福祉ミックス論は，従来の公的福祉供給システムにそれとは異なった理念に基づく新たな供給システムが加わることによって，福祉供給システムを多元化しようという思想である．公的供給システムのみでなく，住民参加や企業などによる福祉供給が加わることで，1つには，政

府財政負担を削減するという実利的な効果が望まれる．他方で，住民が「参加する」福祉を実現できるという意味でも，この福祉ミックス論およびそれに基づく政策改革は画期的である．言い換えれば，福祉ミックス論はNPOや協同組合に，独自の活躍の場を提供し，また，それらのボランタリズムに期待するものであった．

ただし，現実の日本における福祉政策改革には，2つの問題点がある．1つには自発型の福祉サービス供給主体がフォーマルではなく，インフォーマルな存在と位置づけられてしまい，非営利組織が家族やコミュニティと同様な存在とされてしまう傾向である．ボランタリズムを定義する際に確認したように，本書で対象とする非営利組織は，社会的・組織的な存在である．ゆえに，自発型のサービス供給主体は，フォーマルな存在として把握されるべきであり，それなしでは真の参加型福祉は実現されえないであろう．

もう1つの問題は，供給主体を多元化したといいながら，福祉サービス供給の絶対量が不足していることである．特に2000年4月に導入された公的介護保険制度は，介護を必要とするすべての高齢者にサービスが供給される建前であったが，過疎地域や市街地以外の農村地区において，「保険あって介護なし」という問題を生んでいる．

こうした状況の中で，農協系統は，福祉ミックス論に基づく福祉政策転換に敏感に反応し，高齢者福祉事業の確立を目指したわけである．これには，1992年の農協法改正で農協の事業に新たに「老人の福祉に関する施設」が加えられたことが大きい．特に，当該事業では，大幅な員外利用が公認され，事業確立の条件が整備されている．実は，この農協法改正は，福祉政策転換のための一連の社会福祉法制度改革に先立っており，小さな動きではあるが，福祉政策転換の露払いであったと位置づけることができる．

また，農協系統が高齢者福祉事業に取り組むべき背景に，農村における介護サービス利用の潜在化傾向があることも，第2章で指摘した重要なポイントである．農村部において，サービス供給の不足も確かにある．しかし，高齢化と家族人数の縮小が農村部で確実に進んでいるにもかかわらず，現にあ

るサービスに対しても利用の抑制が著しいことの方が，いっそう問題である．利用抑制に対しては，複数の論者たちによって，サービス利用へのアレルギー，伝統的な日本的家族制度の扶養機能，可視性の高い社会関係の中での相互牽制効果，といった要因分析がされている．いずれにしても，農村部でのサービス利用を促進するには，地域に密着した，より利用しやすい「農村型」高齢者福祉システムが必要であろう．そして，このシステムの中で農協が自発型のサービス供給主体として，役割を果たすことが期待される．

　ただし，以上のような背景があったからといって，一朝一夕に，農協が新規事業を開発できたわけではない．戦前からの厚生事業の蓄積と，農協女性組織の活動を踏まえねば，高齢者福祉事業を十分に理解したということにはなるまい．前者について言えば，農協系統が戦前から培ってきた厚生＝保健・医療事業の先進性と，農村医療向上に果たした役割が重要である．厚生連は，医療サービスから縁遠く，治療が手遅れになりがちであった農民に，健診と早期の受診を呼びかけ，著しい効果をあげた．さらに，長野県佐久病院のような先進事例では，地域ぐるみの健康管理システムを確立した点で画期的である．この厚生事業が，医師・看護婦らの専門スタッフのボランタリズムによって発展してきたことが，高齢者福祉事業との対比において，特に注目される．しかし，残念ながら，厚生事業の発展＝プロフェッショナル化は，ボランタリズムの縮小過程と重なっている．当該事業では，プロフェッショナリズムとボランタリズムの両立が実現しなかったといえる．

　後者の農協女性組織について言うと，当該分野に関する女性組織の強い関心が，高齢者福祉事業の起爆剤になったことは，疑いない．それは，わずか10年でホームヘルパー有資格者を約10万人養成したという驚くべき成果に結びついたわけである．高齢者介護を主に担っているのは，妻・嫁・娘であり，農協女性組織は，まさに当事者組織である．当事者が強く関わることがボランタリズムの前提であるから，当該事業がボランタリズムを基礎に発展する必要条件は満たされている．しかしまた，主婦規範に裏打ちされた女性組織のあり方は，この有資格者を社会的活動の場に順調に引き出せなかった

という限界も持つ．農協女性組織は，生活指導員という専門的な女性職員を事務局担当として，生活分野の活動を中心に独自の発展を遂げてきた組織である．しかし，その活動は営農と切り離された生活分野に限定され，女性は家事労働を主に担うべきという性別役割分業と緊密に結びついている．

ゆえに，家庭内での介護を担い，主婦としての余暇を利用したボランティア活動には前向きであるが，それ以上の社会的活動に踏み出すには，躊躇があるメンバーが多い．現実に女性組織を基盤に結成が促進された高齢者助け合い組織は，全国で1000組織程度であり，協力会員数も4万人台前半である．また，助け合い組織の活動も行政や社会福祉協議会の福祉サービス供給の補完に留まる例が少なくない．すなわち，潜在的なボランティア志望層は大量に養成したが，彼らが組織的・自発的に活動する場作りとしてのボランタリズムは，十分に開花しえていない状況である．

ところで，農協系統の公式見解として「ボランティアによる『助けあい活動』」と「プロとしての『JAによる福祉事業化』」との関係は，どう捉えられているのであろうか．全国農協中央会等は，助け合い活動の経験を基礎にして事業を組み立てるというよりは，一般の大手業者のように，標準的なサービスを優秀なプロによってムラなく提供できる事業体制を目指す傾向が強い．もちろん，その背景には，ホームヘルパー養成に多大な費用・人材を投入したにも関わらず，助け合い活動の進展が期待ほどではなかったという評価があると思われる．

標準的なサービスをムラなく供給するという選択自体が，誤りというわけではない．筆者もそうした手法で成功する事例がありうるとは思う．しかし，本稿の主題であるボランタリズムとの関係で見ると，「運営管理の徹底」という発想とボランタリズムは相容れない考え方である．また，大手業者と同様のサービス提供のあり方は，福祉ミックス論における「住民参加の自発的部門」に属するものではなくなるであろう．

筆者は，本書で「有償ボランティア活動がメンバーの組織運営・地域福祉への参画を実現し，その発展の先にボランタリズムを生かした事業が成り立

つ」という理想の道筋を措定した．これは，「住民参加の自発的」福祉サービス主体として，農村地域での最有力候補である農協高齢者福祉事業が発展する道筋である．これまで，その道筋がうまくつながらなかった原因は，女性組織の主婦規範への緊縛，地域の福祉・保健ネットワークとの接続不良，組織内人材の未活用等にあろう．そして，本書では，それらの克服法を事例分析を通じて明らかにしたつもりである．

事例分析に先立って，第2章の最後では，公的介護保険制度下の農協高齢者福祉事業の類型を分析することで，発展段階を抽出すべく試みた．2000年度には全農協（総合農協）の1/3弱，約370農協が事業指定を受けており，これらの事業指定の組み合わせを見てゆくと，次のように3つの類型がありそうである．タイプⅠ訪問介護（ホームヘルプ）が主体，タイプⅡ居宅介護支援（ケアマネージメント）＋訪問介護（ホームヘルプ）の2種以上のサービス提供，タイプⅢ居宅介護支援（ケアマネージメント）＋訪問介護（ホームヘルプ）＋通所介護（デイサービス）を複合的に実施，という3類型である．以上の類型は発展段階の意味を持つが，必ず次の類型に発展するという必然性はなく，それぞれの類型に留まることもありうると思われる．実は，以上の分類と発展段階は，安立［2002］において福祉NPO（事業型NPO）の実態分析から導出された分類・発展段階と，期せずして，かなり一致していることは重要である．単に，農協だけでなく，非営利組織全般の高齢者福祉事業の類型・発展段階を析出する可能性があるからである．

農協高齢者福祉事業の発展の観点に立てば，タイプⅠに達する前の高齢者助け合い組織＝（有償）ボランティアグループからタイプⅠ段階への「離陸」が，第一のネックになると思われる．ここでは，「主婦規範」に規定されたボランティア活動をいかにして恒常的事業に転換しうるかが課題である．次に，ネックとなるのはタイプⅠ・Ⅱを経て，タイプⅢに到達する局面であろう．施設投資・運営に伴う固定的経費がより多く必要となるタイプⅢでは，農協の1つの事業部門として，その損益が注目の的となろう．特に固定資産投資が必要であることから，順調に減価償却ができるだけの収益が上がるか

否かが問題となる．また，事業量が大きくなるにしたがって運転資金も大きくなり，内部資金運用に対して内部利子を負担できるだけの収益力があるか否かも問われる．新規投資を決断し，新たな事業方式を創ってゆけるようなマネージメント能力が，タイプIIIへの発展のキーポイントであることは疑いない．ただし，筆者が強調したいのは，単に収支を償うような事業が確立するだけでは，非営利組織らしい事業方式とはいえないということである．ボランタリズムを基本とした組織のままで，しかし，事業体として完成度の高いあり方がいかにして可能となるか，これが課題である．

　第3章，第4章の事例は，タイプI段階へと発展途上にある小規模単協と，タイプIII以上の高度な発展段階に達している広域合併農協について，それぞれ典型的な農協を選択した．

　この発展段階の違いは，主体の条件だけでなく，地域の産業構造や一般的な福祉・医療サービスの充実度合い等で規定される．例えば，第3章の北海道当麻町は，農業労働力の確保の点から，農協の高齢者福祉事業発展の客観的必要性が認められた．一方，第4章の栃木県はが野農協管内は高齢者福祉サービスの量的不足があり，農協が当該分野に進出することが，行政にも期待されたという事情があった．

　第3章の当麻農協の事例では，独自のホームヘルパー養成講座が，事業の担い手を急速に養成し，また，ボランティア組織に権限を持たせる運営方式が，継続的事業の発展に効果的であったことを指摘した．特に，独自のヘルパー養成講座は，高齢者生協という，農協系統にとってはあまり接点のない団体との協働によって実現した点が興味深い．農協系統の扉を開き，風を導きいれるとともに，内部資源を活性化した好例である．

　この事例から明らかとなった点は，組合員の組織活動を基盤とし，役職員をあげて取り組んだ事業の安定感である．特に，自前のホームヘルパー養成講座の意義が大きい．すなわち，自前のホームヘルパー養成講座は大量の有資格者を誕生させ，資格取得過程で当麻町地域福祉の現状を理解し，関係者との人的つながりも形成されるという副次効果を生んだ．当麻町は行政・社

協中心の地域福祉サービス事業・ボランティア活動が熱心であることに特徴があるが，そうした中で農協側の意欲，力を効果的に知ってもらうことができたといえよう．そして，良質の講座で養成された意欲のあるヘルパーが，現場に権限を委譲され，自主的に活動を進めたことがプラスに作用したといえる．当麻農協では，ボランティア活動と福祉事業に同時並行的に取り組むことで，ボランタリズムが十分に醸成されたといえる．

第4章のはが野農協は，合併前農協の行政からの福祉事業委託が，事業発展の契機であった．現在のはが野農協は，複合的なサービス供給を行い，当郡最大の福祉サービス供給組織に成長している．特に農協のサービス提供が公益的であることが地域で認知され，地域の高齢者福祉サービスの良否を左右するケアマネージメントに，力点を置いていることが評価される．質・量ともに抜きん出た事業を実現した背景に，全開した扉を通じて地域の医療・福祉ネットワークとの協同体制を確立したことがある．農協女性組織のメンバーがネットワークの中で専門家として成長し，また志ある外部の専門家が，続々と農協スタッフに転じていく過程は，ダイナミックである．そして，このような業務組織のあり方がプロフェッショナリズムとボランタリズムを両立させえたのであろう．

この事例は専門性の高いリーダーが計画的に業務組織を構築したのではなく，むしろ素人に近かった農協内部のメンバーが試行錯誤のうえで構築したことが重要である．ゆえに，はが野農協だけが実現できるものではなく，また高齢者福祉事業のみに当てはまるものでもない．農協の原点にたちかえって，ボランタリズムをどう再生させるかという普遍的な問題につなげることができよう．

ただし，はが野農協の事例は，ボランタリズムを意識的に生かしたというよりは，むしろ，意図せざるボランタリズムが自然に生まれ，発展した事例であるといえよう．すなわち，後発事業体であるはが野農協には，複数の行政と交渉しつつ，行政や社会福祉協議会の協力を少しずつ取り付け，地元の既存の医療・福祉事業体との摩擦を最小限にするような水面下での折衝が求

められたからである．また，実績の少ない福祉サービス供給者が信頼されるには，スタッフのボランタリズムを最大の競争資源に位置づけるしかなかったと思われる．その意味では，ボランタリズムなしでは事業創造が不可能であったとさえいえよう．しかし，今後も今までと同質のボランタリズムを持続できるかというと，それは予断を許さないものがあろう．

　さて，最後にボランタリズムと多元主義の関係に立ち返ろう．第1章において，ボランタリズムが本当に成り立つのは，「各セクターが発言権をもち複数の公共サービス源が存在する完全な多元社会」[2]においてであることを確認した．残念ながら，わが国の農業協同組合の一般的状況が，この理念と親和的であるとは思えない．むしろ，一元主義的な集権システムによくなじんできた組織である．これは，統制経済とともに生まれ，一元利用をテーマとしてきた歴史的経緯によるものであって，そのこと自体が悪いということではない．

　しかし，農協が真に社会的に必要とされている事業に踏み出すには，協同組合という組織のあり方からいって，ボランタリズムによる他はないはずである．農協の針路がなかなか見えにくい時代にこそ，どのような理念によって立つべきかを考える必要があろう．高齢者福祉事業の創造という小さな動きは，農協系統全体がどのような理念によるべきかを再考させる大きな契機として，筆者の目には見えている．農協関係者とこのような視点を共有したいと願うものである．

　注
1) 坂下・田渕 [1995] 参照．
2) オズボーン [1999] 14ページ．

参考文献

相川良彦 [2000] 『農村にみる高齢者介護 在宅介護の実態と地域福祉の展開』川島書店.

安立清史（主任研究者）[2001] 『厚生科学研究費補助金政策科学推進研究事業 平成13年度総括研究報告書 福祉NPOと厚生行政との協働可能性に関する調査研究』.

天野寛子 [2001] 『戦後日本の女性農業者の地位 男女平等の生活文化の創造へ』ドメス出版.

蟻塚昌克 [1997] 『高齢者福祉開発と協同組合』家の光協会.

飯坂良明 [1986] 「近代社会・人権とボランタリズム」小笠原慶彰・早瀬昇『ボランティア活動の理論II—'74-84活動文献資料集』社団法人大阪ボランティア協会, 所収（『真理と創造』第8号1巻, 1978年より再録）.

石川満・自治体問題研究所編 [2001] 『介護保険の公的責任と自治体』自治体研究社.

石田雄 [1958] 「農業協同組合の組織論的考察—わが国圧力団体の特質究明のために—」『社会科学研究』東京大学社会科学研究所（『昭和後期農業問題論集⑳ 農業協同組合論』農山漁村文化協会, 1983年, 所収）.

板橋衛 [1994] 「農協合併における銘柄統一の阻害要因—熊本県鹿本農協を事例として—」北海道大学農学部『農経論叢』第50集.

市川英彦・福永哲也・村田隆一 [1998] 『農協がおこす地域の福祉「JA信州うえだ」の挑戦』自治体研究社.

伊藤周平 [2001] 『介護保険を問いなおす』ちくま新書.

岩崎由美子・宮城道子 [2001] 『成功する農村女性起業 仕事・地域・自分づくり』家の光協会.

海野金一郎 [1980] 『飛騨の夜明け』農山漁村文化協会.

大泉豊秋 [1994] 『農協は高齢化社会をどう支えるか 石川県・JA門前町の実践』家の光協会.

太田原高昭 [1979] 『地域農業と農協』日本経済評論社.

大友康博 [1998] 「農村地域における農協高齢者福祉活動の現状—福島県の2農協の事例分析—」日本地域福祉学会『日本の地域福祉』（第12巻）.

―――― [2000] 「高齢者福祉, 医療政策変革期における農協高齢者福祉活動の展開方向」『協同組合研究』第19巻第4号.

―――― [2001] 「社会保障制度改革下の農協高齢者福祉活動に関する実証的研究」,

北海道大学農学部紀要.
小笠原慶彰・早瀬昇 [1986]『ボランティア活動の理論 II―'74-84 活動文献資料集』社団法人大阪ボランティア協会.
オズボーン，スティーブン・P.編集，ニノミヤ・アキイエ・H.監訳 [1999]『NPO マネージメント―ボランタリー組織のマネージメント―』中央法規出版.
沖藤典子監修 [1998]『ホームヘルパーになる本』晶文社.
角瀬保雄・川口清史 [1999]『非営利・協同組織の経営』ミネルヴァ書房.
加藤寛・丸尾直美編著 [1998]『福祉ミックス社会への挑戦 少子・高齢社会を迎えて』中央経済社.
川口清史 [1999]『ヨーロッパの福祉ミックスと非営利・協同』大月書店.
────・富沢賢治 [1999]『福祉社会と非営利・協同セクター ヨーロッパの挑戦と日本の課題』日本経済評論社.
鹿嶋敬 [2000]『男女摩擦』岩波書店.
金子郁容・松岡正剛・下河辺淳 [1998]『ボランタリー経済の誕生』実業之日本社.
岸康彦 [2000]「自主流通米取引システムの改革と今後―指標価格の形成から『取引の場』へ」日本農業研究所『食糧法システムと農協』農林統計協会，第3章所収.
北川太一 [1999]「介護保険制度の導入と農協の高齢者福祉活動」『農業と経済』10月号（富民協会・毎日新聞社）.
北出俊昭 [1995]『新食糧法と農協の米戦略』日本経済評論社.
北原克宣 [1994]「『営農センター方式』による地域農業再編と農協の役割―長野県伊南農協の事例分析」北海道大学農学部『農経論叢』第50集.
京極高宣 [2002]『生協福祉の挑戦』コープ出版.
協同組合福祉フォーラム実行委員会 [1997]『福祉コミュニティを築く―協同組合福祉の可能性』中央法規.
協同総合研究所 [1999]『協同の發見』第84号，「特集 公的介護保険と協同組合」.
栗田明良 [2000]『中山間地域の高齢者福祉―「農村型」システムの再構築をめぐって―』（財）労働科学研究所出版部.
月刊介護保険編集部 [2000]『平成12年版 介護保険ハンドブック』法研.
(財)公益法人協会 [2001]『公益法人の設立・運営・監督の手引き』6訂版，公益法人協会.
小山静子 [1999]『家庭の生成と女性の国民化』勁草書房.
佐伯尚美 [2000]「『農協食管』としての食糧法システム」日本農業研究所『食糧法システムと農協』農林統計協会，序章所収.
坂下明彦・田渕直子 [1995]『農協生産指導事業の地域的展開―北海道生産連史―』北海道協同組合通信社.
笹谷春美 [2000]「『伝統的女性職』の新編成―ホームヘルプ労働の専門性―」木本貴美子・深澤和子『現代日本の女性労働とジェンダー』ミネルヴァ書房，所収.
柴田昌治 [1998]『なぜ会社は変われないのか』日本経済新聞社.

参考文献

JA北海道厚生連広報誌［2000］『すまいる』10月号「HEALTH SUPPORT【JA当麻の配食サービス事業】」.
杉岡直人［1990］『農村地域社会と家族の変動』ミネルヴァ書房.
―――［1998］「NPOと北海道自立の可能性」NPO推進北海道会議『よくわかるNPO実践ガイド　増補版』, 所収.
―――［1999］「過疎地域における農家家族の多様化と介護コンフリクト」日本村落研究学会『年報　村落研究第35集　高齢化社会を拓く農村福祉』農山漁村文化協会, 所収.
生活協同組合市民生協コープさっぽろ／コープくらしの助け合いの会［1996］『コープくらしの助け合い　10年のあゆみ』.
関寛之・相川良彦［1999］「地域における在宅ケアの連携システムとその効果―茨城県土浦市のある先駆的活動についての事例研究―」日本村落研究学会『年報　村落研究第35集　高齢化社会を拓く農村福祉』農山漁村文化協会, 所収.
全国農協中央会［2001］『月刊JA』「特集　介護保険制度とJA―円滑な事業運営に向けて―」5月号.
高瀬毅［1996］『高齢者協同組合は何をめざすのか　高瀬毅人間シリーズ〈1〉』シーアンドシー出版.
高野和良［1999］「過疎農山村社会における高齢者福祉―生活圏の拡大と社会福祉サービス―」日本村落研究学会『年報　村落研究第35集　高齢化社会を拓く農村福祉』農山漁村文化協会, 所収.
高橋晴雄［2000］「地域生協における男女共同参画と世代連携」日本協同組合学会『協同組合研究』,「特集　協同組合における男女共同参画と世代連携　日本協同組合学会第19回春季研究集会」.
高柳新・増子忠道［1999］『介護保険時代と非営利・協同』同時代社.
武内哲夫・太田原高昭［1986］『明日の農協』農山漁村文化協会.
田端光美［1982］『日本の農村福祉』勁草書房
田渕直子［1987］「遠隔野菜産地形成と農協―北海道富良野農協の事例分析―」北海道大学農学部『農経論叢』.
―――［1994］「北海道における農協営農指導体制の変遷―昭和30年代『営農計画化』運動と営農指導事業―」『北海道農業経済研究』第4巻第1号.
―――［1999a］「協同組合における福祉活動とジェンダー―わが国の農協・生協を対象にして―」『北星学園女子短期大学紀要』Vol.35.
―――［1999b］「協同組合における福祉活動とジェンダー構造の変化」『協同組合研究』第19巻第2号.
―――［2001a］「ブックガイド　農村における高齢者介護の諸相」『農業と経済』2月号（富民協会・毎日新聞社）.
―――［2001b］「協同組合にとっての男女共同参画―基本法制定後の動向と課題―」『協同組合経営研究月報』No.570.

─────[2002a]「農協高齢者福祉事業におけるボランタリズム(1)─北海道T農協の女性部助け合い組織と事業創造─」『北星学園女子短期大学紀要』Vol. 38.

─────[2002b]「農協高齢者福祉事業におけるボランタリズム(2)─栃木県H農協の業務組織に即して─」『北星学園女子短期大学紀要』Vol. 38.

─────[2002c]「北海道における農協『米共販』の構築と良質米産地の対応」北星学園大学経済学部『北星論集』第42巻第1号.

田渕直子・河村彰仁[1997]「農協系統における営農技術体制の強化に関する研究─技術指導の現況と営農指導のあり方─」全国農業協同組合中央会『協同組合奨励研究報告第22輯』,所収.

千葉悦子[2000]「農家女性労働の再検討」木本貴美子/深澤和子『現代日本の女性労働とジェンダー』ミネルヴァ書房,所収.

中央法規出版編集部[2001]『新版 社会福祉用語辞典』.

塚本一郎[2002]「非営利組織研究と協同組合研究との関連に関する一考察」(財)生協総合研究所『生活協同組合研究』Vol. 323.

寺本千名夫[2001]「当麻町における賃貸借による経営規模拡大についての一考察」北海道農業研究会・総会シンポジウム(6月16日).

特定非営利法人市民フォーラム21・NPOセンター/NPOと行政協働研究会[2001]『行政─NPOの協働関係と事業委託のルール〜全国都道府県,政令指定都市のNPO委託実態調査に基づいて〜』.

栃本一三郎[1997]『介護保険 福祉の市民化 付・全国市町村介護基盤データ』家の光協会.

栃木県保健福祉部高齢対策課[2001]「生き生き在宅生活支援事業」関連資料.

富沢賢治[1999]『非営利・協同入門』同時代社.

富沢賢治・川口清史[1997]『非営利・協同セクターの理論と現実 参加型社会システムを求めて』日本経済評論社.

南木佳士[1994]『信州に上医あり』岩波新書.

日本協同組合学会[1999]『協同組合研究』第18巻第3号,3月「特集 社会福祉の創造と協同組合 日本協同組合学会第18回大会シンポジウム」.

日本経済新聞[2001]「介護計画決めるケア会議 開かれないのはナゼ?」2月23日.

日本農業年鑑刊行会[2000]『日本農業年鑑 2001』.

ニューカントリー編集部[2000a]「介護保険制度とホームヘルパーの活用 JA西春別が始めた介護事業が利用者に好評①」『ニューカントリー』557号.

─────[2000b]「介護保険制度とホームヘルパーの活用 JA西春別が始めた介護事業が利用者に好評②」『ニューカントリー』558号.

─────[2000c]「介護保険制度とホームヘルパーの活用 JA当麻ほほえみ訪問介護事業所 配食サービスが好評!」『ニューカントリー』559号.

農協共済総合研究所[1998]『JAの高齢社会への貢献』家の光協会.

野崎保平[1979]『農産物市場と共販─販売事業への手引き─』日本経済評論社.

参考文献

芳賀町広報［2000］4月号「Nデイサービスセンターがオープンしました」．
林雄二郎・連合総合生活開発研究所［1997］『新しい社会セクターの可能性　NPOと労働組合』第一書林．
早瀬昇［1997］「原始，NPOはボランティアであった」山岡義典編著『NPO基礎講座―市民社会の創造のために―』ぎょうせい，所収．
春山満［2000］『介護保険　何がどう変わるか』講談社現代新書．
ペストフ，ビクター・A.［2000］『福祉社会と市民民主主義　協同組合と社会的企業の役割』日本経済評論社．
樋口恵子・あだちゆきこ［1995］『がんばれ女性の〈食〉業おこし―女性起業の完全ガイド―』農山漁村文化協会．
廣田努［2001］「信頼されるサービスとコスト削減」全国農協中央会『月刊JA』5月号，所収．
藤江志津子［1999a］「宇都宮農業協同組合のホームヘルプ事業への取り組み」日本村落研究学会『年報　村落研究第35集　高齢化社会を拓く農村福祉』農山漁村文化協会，所収．
―――［1999b］「JA高齢者福祉事業の新展開　ホームヘルプサービス」全国協同出版『農業協同組合経営実務』1月号．
藤谷築次［1974］「協同組合の適正規模と連合組織の役割」東京大学社会科学研究所『社会科学研究』（『昭和後期農業問題論集⑳　農業協同組合論』農山漁村文化協会，1983年，所収）．
ヘザリトン，ジョン・A.C.，石山琢磨監訳［1996］『アメリカの協同組合と相互会社』成文堂．
細島弘子・高橋タイ・鯉渕タツノ［1993］「特別報告　真岡市における訪問看護の体系化の歩み―市・保健所・医療機関の連携から―」月刊『地域保健』2月号．
北海道［2002］「2000年世界農林業センサス　農業事業体調査結果報告書（北海道分）」．
北海道協同組合通信社［2001］『北海道協同組合年鑑』平成14年版．
北海道協同組合連合会史編輯委員会［1959］『北海道協同組合連合会史』．
北海道新聞社［2000］『道新トゥデイ　別冊号』9月．
北海道新聞［2001a］「介護保険の利用者負担　独自に軽減54自治体」1月26日記事．
―――［2001b］「介護プランの作成会議　8割弱が未実施」3月7日記事．
―――［2001c］「良質米　当麻が全道一『量より質』結束実った」12月30日記事．
(社)北海道地域農業研究所［1992］『北海道における農協生活事業の総合的展開についての調査報告書（生活総合センター構想の調査研究）』．
―――［1998a］『地域と農業』第30号．
―――［1998b］『農村の高齢化に関する調査研究報告書』．
―――［1999］『農村の高齢化問題最終報告書』．
―――［2001］『北海道における高齢化・介護の実態とJA共済の役割に関する調査

報告書』.
(社)北海道町村会介護サービス問題研究会［1999］『過疎地域における介護サービスの課題と対策―介護サービスに関する研究報告書―』.
北海道町村介護サービス問題研究会［1998］『過疎地域における介護サービスの課題と対策―介護サービスに関する研究報告書―』.
本城昇［1999a］「農村高齢化者福祉と介護保険」『農業と経済』10月号（富民協会・毎日新聞社）.
―――［1999b］「高齢者介護サービスの市場経済化と利用者側の利益の確保―利用者重視の制度の必要性と民間非営利組織の役割―」日本村落研究学会『年報　村落研究第35集　高齢化社会を拓く農村福祉』農山漁村文化協会，所収.
―――［1999c］「農村の高齢化と地域福祉―介護の社会化の必要性と農協の課題―」日本村落研究学会『年報　村落研究第35集　高齢化社会を拓く農村福祉』農山漁村文化協会，所収.
松岡公明［2001］「JA女性組織の活性化と『等身大の女性参画』のすすめ」『協同組合経営研究月報』No.570.
三浦展［2000］『「家族」と「幸福」の戦後史』講談社.
三田保正［1976］「統制撤廃後の畑作物の流通・価格政策」北海道農業会議『戦後北海道農政史』，第2章第7節所収.
真岡新聞［2000］4月7日記事.
持田恵三［1995］「食管制度とはなんであったのか―55年間の軌跡を総括する」編集代表　大内力『日本農業年報42　政府食管から農協食管へ―新食糧法を問う―』農林統計協会.
山岡義典［2001］「NPOにとってボランティアとは？」岩波書店編集部『ボランティアへの招待』，所収.
山下亜紀子［2001］「農村高齢者の福祉サポート資源への期待―青森県黒石市六郷地区の調査分析をもとに―」日本村落研究学会『村落社会研究』Serial No.15，農山漁村文化協会.
山田昇［2001］『今，高齢者福祉は―地域・施設からの発信―』随想社.
米坂龍男［1985］『農協関係用語の基礎知識』全国協同出版.
若月俊一［1971］『村で病気とたたかう』岩波新書.

参 考 資 料

参考資料：当麻農協　アンケート調査票

記入日　2001年　　月　　　日
　　　　　　　　　　　差し支えなければお名前を　　　氏名

I 基本項目

1. あなたについて
　①年齢は　　a 20代　b 30代　c 40代　d 50代　e 60代　f 70代以上
　②居住地区は　　a 市街　b 中央　c 宇園別　d 伊香牛　e 北星　f 東　g 開明　h 緑郷
　③実家は　　a 市街　b 中央　c 宇園別　d 伊香牛　e 北星　f 東　g 開明　h 緑郷
　　　　i 上川管内（　　　市・町）　j 道内（　　　市・町・村）　k 道外（　　　都・府・県）
　④実家は農家ですか？　　a はい　b いいえ　c 以前はそうだった
　⑤今は　a 世帯主の妻　b 後継ぎの妻　c 世帯主の母　d 自分が世帯主
　　　　e その他（　　　　　）
　⑥今、農協女性部員ですか？　　a はい　b いいえ　c 以前はそうだった
　⑦自分自身の年間収入は？　給与（専従者給与は含めずに）（　　　　　　）円くらい
　　　　　　　　　　　　　その他（　　　　　　）円　ほほえみ会の手当ては「その他」に含む
　⑧主な家計管理者は？　　a 自分　b 嫁　c 娘　d しゅうと　e 母　f その他（　　　）

2. あなたの家族について

続柄	年齢	同居・別居（別居の場合、居住地）	健康状態（良・通院・要介護）	農業従事（○・×）	農協正組合員（○・×）	勤務先・通学先等（所在地も）	地域での役職（農協理事・町議・農業委員・民生委員）
あなた自身							
配偶者（夫）							
父（義父）							
母（義母）							

3. 昨年度の農業経営について（農家のみ）
①経営面積（　　　）ha　うち借地（　　　　）ha
②専兼別　a 専業農家（農外収入なし）　b 農業収入中心の兼業農家
　　　　　c 農外（兼業）収入中心の兼業農家
③作付け状況（作物は主なもののみで結構です）

	総面積(反)	作物名(反・坪)	作物名(反・坪)	作物名(反・坪)	作物名(反・坪)
水稲作付け田	反				
転作田	反				
畑地	反				
ハウス（青果）	坪				
ハウス（花卉）	坪				
自家菜園	坪				

④農業粗収入（売上）は（　　　　　）万円くらい
⑤専従者給与を
　　a もらっている（　　年度から）　b もらっていない（白色申告等）

Ⅱ ほほえみ会への参加について
4. ホームヘルパー等の資格
①　資格保有（持っているもの全て）　a ヘルパー3級　b ヘルパー2級　c ヘルパー1級　d 介護福祉士
　　　　e 看護婦　f 栄養士　g 調理師　h その他（　　　　　　　）
②　上記資格を取得したのは、いつ、どこでですか
　　　　a 中央会主催の講座（旭川）（　　年度）　b 農協主催の講座（農協本所）（H11年度・12年度）
　　　　c 行政や社会福祉協議会主催の講座（　　　市・町）（　　年度）
　　　　d 民間（　　　　）主催の講座（　　年度）　e 学校（　　　　　）（　　年度）
　　　　f その他（　　　　　　）
③　資格取得は何のため？（あえて、一つのみ選択すれば）
　　　　a 自分の家庭のため　b ボランティアなどのため　c 就職をめざして
　　　　d その他（　　　　　　　　　　　）
④　ヘルパー資格をとったのは
　　　　a ほほえみ会加入以前　b ほほえみ会加入とほぼ同時　c ほほえみ会加入後

5. ほほえみ会に加入したのは

① (　　　)年(　　　)月頃
② きっかけは　a 発足時からのメンバー　b ボランティア活動に誘われて
　　　　　　　c ヘルパー講習中に誘われて　d その他（　　　　　　　）
③ ほほえみ会での活動はあなたの家族に理解されていると思いますか？
　a よく理解されている　b だいたい理解されている
　c あまり理解されていない　d まったく理解されていない　e その他（　　　　　　　）

6. ほほえみ会での活動歴

	経験の有無 (○・×)	最近1ヶ月の活動時間（時間）	最近1ヶ月の活動による収入(円)
診療所ボランティア			
特養(柏陽園)ボランティア			
その他ボランティア			
配食サービス調理			
配食サービス宅配			
ホームヘルプ家事			
ホームヘルプ複合			
ホームヘルプ身体			

7. ほほえみ会のあり方について（あえて、一つのみ選択すれば）
　① 農協女性部との関係
　a 農協女性部の一部分として活動するのがよい。
　b 農協女性部と並行した組織として、存在するのがよい。
　c 農協女性部からは完全に独立した組織として、存在するのがよい。
　d その他（　　　　　　　　　　　　）
　② 農協のほほえみ会事務局体制について
　a 現状でよい（総務課内に1係・専任1名）
　b 拡張希望（　　　　　　　　）
　c その他（　　　　　　　　　　）
　③ 活動内容について（複数可）
　a ボランティア活動を充実　b 町委託の配食サービスを充実
　c ホームヘルプなどの介護保険事業を充実（何を？　　　　　　　　）
　d 研修を充実　e 親睦・交流を充実
　f その他（　　　　　　　　　　　　）

Ⅲ 農協による高齢者福祉活動について、どう考えていますか？
8. 行政・民間事業所との役割分担について
　a 行政が社会福祉サービスをすべて行うべきであるが、不足している間は農協が取り組むのが良い。
　b 行政・民間事業所が社会福祉サービスを供給し、それでも不足ならば農協が取り組むのが良い。
　c 行政・民間事業所の動向に関わらず、独自に農協が取り組むのが良い。
　d その他（　　　　　　　　　　　　　　　　　　　）

9. 農協の活動方針について
　a （有償）ボランティアとして活動してゆくのが良い。
　b ボランティアではないが、収支トントンの事業としてやってゆくのが良い。
　c 事業として収益を出すことを目指すのが良い。
　d その他（　　　　　　　　　　　　　　　　　　　）

10. 農協内部での高齢者福祉活動への理解
①役職員
　a 役員・職員のどちらも理解されている。
　b 役員には理解されているが、職員にはあまり理解されていない。
　c 職員には理解されているが、役員にはあまり理解されていない。
　d 役員・職員のどちらも理解されていない。
　e その他（　　　　　　　　　　　　　　）
②一般組合員
　a 男性・女性に関わらず理解されている。
　b 女性組合員（家族）は理解してくれるが、男性はそうでもない。
　c 男性・女性に関わらず理解されていない。
　d その他（　　　　　　　　　　　　　　　　　　　）

Ⅳ ほほえみ会に参加して良かったこと、つらかったことなど、これからやりたいことなど自由に感想を書いてください（用紙が足りなければ裏に）。ご協力、ありがとうございました。

参考資料

参考資料：はが野農協　アンケート調査票

記入日　2001年　　月　　日
　　　　差し支えなければお名前を　［氏名　　　　　　　　　］

Ⅰ あなた自身とお仕事についてお聞きします。

1．あなたについて
　①性別　a 女性　b 男性
　②年齢は　a 20代　b 30代　c 40代　d 50代　e 60代　f 70代以上
　③現住所は　a 真岡市内　b 二宮町内　c 益子町内　d 茂木町内　e 市貝町内　f 芳賀町内
　　　　　　g 宇都宮市内　h その他（　　　　　　　）
　④ご自分の家族内での立場は　a 自分が世帯主（家族あり）　b 世帯主の配偶者　c 独身・一人暮らし　d 世帯主の
　　　　　　　　　　　　　　実子（娘・息子）　e 世帯主の嫁（婿）　f 世帯主の舅・姑　g その他

　⑤末子のお子さんは？　a 就学未満　b 就学中（同居）　c 就学中で別居している
　　　　　　　　　　　d 就職し、同居している　e すでに独立している（別居）　f 子はいない　g その他

2．あなたのお仕事について
　⑥現在の職種は　a 施設長　b サービス主任　c ケアマネージャー　d 看護婦　e その他（　　　　　）
　⑦現在の部署は　a 本所生活福祉部　b すこやか大内　c すこやか山前　d すこやか二宮
　　　　　　　　e すこやか茂木　f すこやか市貝　g すこやか南高
　⑧現在の雇用形態は　a 正職員　b 常勤　c 要員外　d パート
　⑨自分自身の年間収入は？　a 103万円未満　b 103万円〜130万円未満　c 130万円以上
　⑩ＪＡに就職（他の部署を含めて）した時期は
　a 平成6年度以前（農協名にマル：真岡・二宮・益子・茂木・市貝・芳賀）
　b 平成7年度〜広域合併以前（農協名にマル：真岡・二宮・益子・茂木・市貝・芳賀）
　c 広域合併（平成9年3月）〜平成12年3月まで　d 平成12年4月以降
　⑪ＪＡを勤務先として選んだ理由
　a 勤務条件が良かった　b 家から近かった　c 安定した職場だから　d 仕事の内容が良かった
　e 誰かに勧められた（誰に？　　　　　　　　　）　f その他（　　　　　　　　　）
　⑫生活福祉部門に配属されたのは
　a ＪＡ就職と同時　b 他部門から異動（　　　年　　　月）
　⑬現在の部署（生活福祉部門）に就く直前の状況は
　　　a ＪＡ内の別部門に在籍（部門にマル：管理・信用・共済・資材購買・生活購買・販売・開発
　　　　・加工・利用・営農指導・生活指導・その他）
　　　b 行政（　　　　　　市町）職員　c 社会福祉法人職員　（法人名　　　　　　　　　　　）
　　　d 医療法人職員（法人名　　　　　　　　　）e その他の仕事（　　　　　　　　　　　　　）
　　　f 専業主婦・家事手伝い　g （定年）退職後　h 学生（学校名　　　　　　　　）g その他

3．資格・経歴
⑭福祉・医療関係の学校に通った経験は？
　　a専門学校　b短大　c大学　dその他（　　　　　　）　e経験なし
⑮資格保有（持っているもの全て）
　　aヘルパー3級　bヘルパー2級　cヘルパー1級
　　d介護福祉士　e社会福祉士　f看護婦　g栄養士　h調理師　iその他（　　　　　）
⑯ヘルパー資格を取るために農協のヘルパー講習を受けた経験は？
　　a（等級にマル：1・2・3）級を（　　　）年に受講　b経験なし
⑰JA以外で社会福祉の仕事に携わった経験は？
　　aなし
　　bあり（　　年〜　　年まで、
　　　　　仕事にマル：ホームヘルパー・施設ケアワーカー・指導員・相談員・その他　　　　）

II 農協による高齢者福祉活動について、どう考えていますか？
⑱行政との役割分担について
　a行政が社会福祉サービスをすべて行うべきであるが、不足している間は農協が取り組むのが良い。
　b行政が社会福祉サービスの計画を立てるべきであり、その計画に従って農協が取り組むのが良い。
　c農協が社会福祉サービスを主体的に供給し、行政がそれを支援すべきである。
　d行政の動向に関わらず、独自に農協が社会福祉サービスに取り組むのが良い。
　dその他（　　　　　　　　　　　　　　　　　　　　）
⑲農協の民間福祉事業者としての立場について
　a非営利団体として、他の民間業者とは異なる立場にある
　b地元密着の団体として他の民間業者とは異なる立場にある。
　c行政受託実績があるので、他の民間業者とは異なる立場にある。
　d基本的には、他の民間業者と同等の立場にある。
　eその他（　　　　　　　　　　　　　　　　　　　　）
⑳農協の活動方針について
　a（有償）ボランティアとして活動してゆくのが良い。
　bボランティアではないが、収支トントンの事業としてやってゆくのが良い。
　c事業として収益を出すことを目指すのが良い。
　dその他（　　　　　　　　　　　　　　　　　　　　）
㉑農協の事業方針について
　aデイサービスの仕事を拡大すべき
　bホームヘルパーの仕事を拡大すべき
　cケアマネージャーの仕事を拡大すべき
　dどの事業も現状規模
　eある事業（　　　　　　　　）は縮小すべき

III JA高齢者福祉事業に携わって良かったこと、つらかったことなど、これからやりたいことなど自由に感想を書いてください（用紙が足りなければ裏に）。

あ と が き

　本書は，筆者の博士論文「農業協同組合における高齢者福祉事業の創造―女性参画によるボランタリズムの再生―」(2002年3月，北海道大学) に加筆し，また，それを再構成したものである．博士論文においては，今日の農業・農村問題に言及しつつ，農業協同組合（農協）に焦点を絞って論述を進めた．本書では，今日の非営利組織全般に視野を広げた上で，農協高齢者福祉事業という新しい事業を非営利組織論の中で位置づけ，捉え直している．

　下記は，筆者が奉職する大学（北星学園大学）の広報紙「バルーン」に「研究室訪問」として自分の研究分野を紹介した雑文である．学生向けの小文であるが，筆者の問題意識・関心を理解していただく手がかりとして，敢えて掲載するものである．

　　自己紹介をする時に「専門は協同組合論という変な分野です」と，「変であること」を売りにしてしまっている田渕です．日本唯一の「協同組合論」を専門とする研究室を出て，現在では非営利組織論（NPOやNGO等）全般に関心が広がっているところです．
　　といっても，バブル経済の最盛期には「協同組合?，農協の観光旅行がどうしたら儲かるか研究してるのー？」と冷笑を浴びせられ（ホントの話），現実にも旧来の協同組合のパッとしないニュース，情けない事件の報道が目に付き，「私の専門は本当にこれでいいのだろうか？」と悩む時期もありました．
　　しかし，90年代の半ばから世の中の流れが変わったのですねー．98年頃，例によって自己紹介をしたら，「協同組合?!，最先端じゃないですか！」と激賞され，すっかり面食らってしまいました．協同組合が最先端とは夢にも思いませんが（やっぱり地味で泥臭い分野です），NPOやNGOという存在が社会的に認知されたために，同類の非営利組織として協同組合が新たな意義を付与されたということでしょう．

イギリスの研究者・ジョンストン・バーチャルは,「協同組合はピープルズ・ビジネス (the people's business) である」と言っています. 私たち庶民が, 人類史上初めて小金（こがね）と余暇を持ち, 十分に教育を受けた庶民が, 非営利組織という仕組みを使って, 世の中のためにどういうことが出来るのか, 学生の皆さんと一緒に考えて行ければ, こんなに嬉しいことはありません.

上記でも触れたが, 筆者は北海道大学農学部農業経済学科・農業協同組合論講座（現・協同組合学講座）を 1983 年に卒業し, 農協ばかりでなく, 消費生活協同組合や他の協同組合を含めた協同組合論を専攻する道を歩み始めた.

同講座の自由闊達な雰囲気の中で, 飯島源次郎元教授には, 学ぶ喜びをお教えいただいた. また, 太田原高昭教授には, 学部演習時代より, 現場に学び, 問題をポジティブに捉えてゆく姿勢を, 身をもって教えていただいた. 先入観を持たずに現場に飛び込み, 当事者の立場を尊重しながら, 調査を進めるあり方は, 太田原教授より学んだことである. さらに, 坂下明彦助教授からは, 粘り強く研究対象と向き合い, 歴史の中から現実を捉える方法を学ばせていただいた.

ただし, 筆者が研究者としてよちよち歩きを始めた 1980 年代末〜90 年代は, 農協・生協ともに, 協同組合がこれまで果たしてきた役割を台無しにしかねないような不祥事・経営危機が, 何度となくニュースとなった時期である. 特に農協陣営においては, 1995 年に表面化した住専（住宅金融専門会社）問題が農協全体の評価と経営状態を著しく悪化させた. 同様に地域生協のいくつかでは, 90 年代後半に経営危機が表面化するとともに, 粉飾決算が問題となり, 生協に対する信頼を大きく低下させた.

こうした状況の中で, 懐疑的になりながらも, 改めて協同組合の存在意義を考えた際, プラスの要素が 2 つほど目に入った. その 1 つは NPO・NGO に対する社会的認知とそれらの台頭である. 1998 年にいわゆる NPO 法が成立し,「非営利」組織が市場の失敗, 政府の失敗をカバーする存在として, 脚光を浴びる中で, 老舗の「非営利」組織である協同組合を非営利組織論の中に一般化して位置づける必要性と可能性を, 筆者は認識したのであった.

2つには社会福祉，特に高齢者福祉をめぐる社会制度の改革と，協同組合を高齢者福祉サービスの担い手として位置づける動きである．折しも1998年の日本協同組合学会は，「福祉社会の創造と協同組合」をテーマとし，気鋭の社会福祉論の論客と農協高齢者福祉事業・先進事例（栃木県しおのや農協）の組合長らをパネラーとした異色のシンポジウムを開催し，協同組合が当該分野で活躍する意義，メリットが議論された．さらに，エクスカーションでしおのや農協のデイサービスセンターを訪問することもでき，筆者は大いに刺激を受けることとなった．

　筆者が高齢者福祉問題に本格的に取り組むことになった契機は，社団法人北海道地域農業研究所の「農村の高齢化問題研究会」プロジェクトに1998年度途中から参加させていただいたことにある．座長の北海道大学教育学部鈴木敏正教授以下，教育学・社会学・社会福祉論の研究者から，得るものの大きい研究会であった．その中で，筆者は農協が高齢者福祉分野で何ができるのか，現時点ではなぜできないのかを整理することができた．

　以上の準備段階を経て，本書で取り上げた事例農協＝北海道当麻農協・栃木県はが野農協に巡り合うことができたわけである．両農協の皆様には，本当にお世話になった．特に当麻農協のI女性部長（兼助け合い組織ほほえみ会会長）とはが野農協のN生活福祉部長がいらっしゃらなければ，本書は存在しなかったと言ってよい．おふたりには単に調査に全面的に御協力いただいたのみならず，研究に向かうエネルギーをいただいた．筆者はこれまで各地の農協で，様々なテーマに沿って調査させていただいたが，高齢者福祉事業に関わるようになって，初めて農協関係者として「権限」を持った女性に出会うことができた．おふたりはその筆頭であり，お目にかかることが毎回，楽しみであった．農協にとっても日本社会にとっても先の見えない困難な時期に，未来に希望を持って調査・取りまとめに当たることができたことは，まことに幸運なことであった．改めて，心よりお礼申し上げたい．

　その他にも北海道N農協，栃木県S農協，U農協，K農協の皆さん，北海道農協中央会の小林氏，栃木県農協中央会・廣田氏など，多くの方にお世

話になった．感謝したい．

　出版に当たっては，日本経済評論社出版部の清達二氏にお世話になった．出版情勢の厳しい中で，出版を決断していただいたことに謝意を表したい．

　また，本書は社団法人北海道地域農業研究所，平成14年度出版助成事業の対象となることができた（同研究所学術叢書⑤）．同研究所長・七戸長生先生には学生時代より，ご指導いただいた．改めて感謝したい．さらに北星学園大学後援会による著書買取助成をも受けている．専門書の市場が狭隘な中で，これらの助成は非常に幸いであった．記して，両組織に謝意を表するものである．

　私事となるが，筆者は1995年度より2001年度まで北星学園女子短期大学生活教養学科（現・北星学園大学短期大学部生活創造学科）に職を得，2002年度春に学園全体の再編とともに北星学園大学経済学部経済学科に籍を移したところである．短大同学科，福山和子学科長（現・短期大学部長）をはじめとする各先生方には，「短大冬の時代」の下，7年間にわたり様々な苦楽をともにする中で，絶えず，温かい励ましをいただいた．

　また，短大の講義の準備として女性問題や労働問題を学び直し，演習（ゼミ）の学生とともに，女性や福祉に関する問題を一から学ぶことができた．ゼミの学生たちの素直な発言は，筆者に新鮮な思いを与え，根源的な問題をよく考えさせてくれたものである．加えて，筆者が顧問をつとめている学生ボランティアサークル「ボランティア・コパン」のメンバーには，ボランティア活動の楽しさと苦しさを教えてもらうことができた．ゼミと「ボランティア・コパン」両方のOGである遠藤麻紀さんには，原稿執筆に当たっていろいろとお手伝いいただいた．感謝したい．

　大学（4年制）の初めての演習（ゼミ）でNPOをテーマとして学生たちと学んだことも有益であった．短大から経済学部経済学科への移籍に関し，お骨折りいただいた澤田裕学部長，諸先生方に謝意を表したい．

　同時期に札幌圏の多分野の研究者たちが集う「NPO・NGO・ボランティア研究会」に参加し，多様な問題を多様なアプローチで議論してきたことも，

筆者の視野を広げ，方法論の選択にとって，大いに意味があった．同研究会，北海道大学法学部田口晃教授をはじめとする諸先生方にも感謝したい．

　最後に，家族に深く感謝する．まずは，好きな道を選ぶことを許してくれた両親に．そして，同業者として，また論文執筆中という同じ立場で，家事労働をよく分担し，家庭を支えてくれた夫と，調査旅行や諸々の研究会出席によく付き合い，最後は作業の手伝いさえしてくれた12歳の息子に．

田 渕 直 子

索　引

［あ行］

アソシエーション　25, 54
員外利用　58, 69
インフォーマル　27, 53-5, 65, 91-2, 169
M字型就業　62, 160
NPO　14-5, 23-4, 29-34, 97-8, 151, 167-8, 172

［か行］

介護報酬　102-4
介護保険　56-8, 82, 84, 86-8, 92, 97, 99-102, 112-3, 148, 152-3, 159-60, 172
共益　30-4, 69, 165-7
共計　45, 141-3
行政委託　58, 94, 130, 148
共販　43-8, 116-9, 141, 143, 168
業務組織　152-3, 174
ケアプラン　97, 99-100, 112, 130, 151
ケアマネージメント　96, 99-100, 148, 151-3, 172, 174
ケアマネージャー　97, 99-102, 112, 130, 138, 148, 152-4, 158-60
経済連　47, 99, 119, 142
「契約的」共販　44, 46, 48
健診　71, 170
県中央会　59, 79, 94, 147
広域合併　19, 92, 94, 102, 104, 135, 141, 158, 173
公益　13, 29-34, 41, 69, 151, 161, 165-8, 174
厚生連　68-9, 72, 120, 170
公設民営　149
高齢協　121-2

互助　40

［さ行］

サードセクター　14-6
在宅福祉　22, 59, 80, 83, 102
社会福祉基礎構造改革　51, 55, 60, 63, 88, 140
社会福祉法人　13, 55, 58, 112, 145
社協　112, 120, 133, 158, 173
主意主義　25
集落　36-41, 47, 57, 70, 109-10, 136, 139-40
主婦規範　79, 81, 82, 99-100, 103, 109, 128, 170, 172
女性職員　74, 171
女性組織　58-9, 73-80, 99, 116, 128, 144, 154, 170-2, 174
生活基本構想　42-3
生活指導員　43, 74-6, 79, 81, 100, 139, 144, 146-7, 171
生協　58-9, 104, 121, 123, 173
全中　46, 58-60, 83
相互扶助　40-1, 57

［た行］

第3セクター　14-5, 53-4
多元主義　15, 25-6, 53, 166, 175
助け合い組織　18, 66, 73-4, 79-84, 86-7, 120, 123, 144, 171-2
チャリティ　30, 71
デイサービス　58, 83, 86, 99, 112, 139, 145-51, 153-7, 172
デイホーム　83, 145-7
「統制的」共販　44, 46, 48

[な行]

任意（自発）主義　25
農協大会　42, 58, 64, 78, 83-4
農協組織　37-8
農協法　57-60, 69, 82, 88, 169

[は行]

パブリック　41-2
非営利・協同　14-5, 53-4, 151
非営利セクター　14, 26, 53-4
非分配制約　16, 30
ひまわり会（はが野農協）　144, 154
フォーマル　27, 54-5, 91-2, 135, 169
福祉ネットワーク　90, 100, 102, 135, 140, 152, 158, 161, 174
福祉ミックス　15, 17-8, 51, 53, 60, 66, 87, 168-9, 171
プライベート　41

プロフェッショナリズム　18-9, 68, 72, 135, 170, 174
ほほえみ会（当麻農協）　120, 123-9
ホームヘルパー養成　58-9, 79, 81, 119-20, 122, 133, 154, 171, 173
ホームヘルプ　58, 83, 86, 96, 112, 123, 140-1, 144, 148, 172
ボランタリー　25, 34-6
ボランタリイイズム　26-7
ボランタリズム　24-7, 34-6
ボランティア　21-4, 39-40
ボランティア・コーディネーター　22, 81
ボランティアリズム　26-7

[ま・や・ら行]

マッピング　28, 30, 33, 166-8
有償ボランティア　22-4, 79, 87, 92, 99-101, 103
酪農・畜産ヘルパー　42

[著者紹介]
た ぶち なお こ
田渕直子
1990年北海道大学大学院農学研究科博士課程単位取得.
現在,北星学園大学経済学部助教授.
E-mail: naokotab@hokusei.ac.jp

ボランタリズムと農協
高齢者福祉事業の開く扉

2003年3月25日　第1刷発行
定価(本体2600円＋税)

著　者　田　渕　直　子
発行者　栗　原　哲　也
発行所　㈱日本経済評論社
〒101-0051　東京都千代田区神田神保町3-2
電話 03-3230-1661　FAX 03-3265-2993
振替 00130-3-157198
装丁・静野あゆみ　　中央印刷・根本製本

落丁本・乱丁本はお取替えいたします　Printed in Japan
© TABUCHI Naoko 2003
ISBN4-8188-1469-5

Ⓡ 〈日本複写権センター委託出版物〉
本書の全部または一部を無断で複写複製(コピー)することは,著作権法上での例外を除き,禁じられています.本書からの複写を希望される場合は,日本複写権センター(03-3401-2382)にご連絡ください.

シリーズ「現代農業の深層を探る」

1. WTO体制下の日本農業　　　矢口芳生　　本体3300円
   「環境と貿易」の在り方を探る

2. 地域資源管理の主体形成　　　長濱健一郎　　本体3000円
   「集落」新生への条件を探る

3. 都市農地の市民的利用　　　後藤光蔵
   うるおい時代の「農」を探る

4. グローバリゼーション下のコメ・ビジネス　　冬木勝仁
   流通の再編方向を探る

5. 有機食品システムの国際的検証　　大山利男
   消費者ニーズの底流を探る

アメリカ食肉産業と新世代農協　　大江徹男　　本体3300円

アメリカのアグリフードビジネス　　磯田宏　　本体4500円
現代穀物産業の構造分析

規制緩和と農業・食料市場　　三島徳三　　本体2800円

日本農政の50年　食料政策の検証　　北出俊昭　　本体2800円

土地利用調整と改良事業　　岡部守　　本体2300円

マレーシア農業の政治力学　　石田章　　本体4200円

マレーシア稲作経営の新しい担い手　　安延久美　　本体4200円